Ich bin dabei!

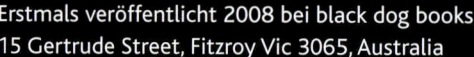

Erstmals veröffentlicht 2008 bei black dog books,
15 Gertrude Street, Fitzroy Vic 3065, Australia
© Text: David Demant
© Illustrationen und Design: Regine Abos

*black dog books dankt Prof. Richard Huggins vom Institut
für Mathematik und Statistik an der Universität Melbourne und Peter
Wood für die sorgfältige Überprüfung der Fakten in diesem Buch.*

Mix
Produktgruppe aus vorbildlich bewirtschafteten
Wäldern und anderen kontrollierten Herkünften
www.fsc.org Zert.-Nr. SGS-COC-2645
© 1996 Forest Stewardship Council
FSC

Für die deutsche Ausgabe:
Die Deutsche Bibliothek verzeichnet diese Publikation in der
Deutschen Nationalbibliografie; detaillierte bibliografische Daten
sind im Internet über *http://dnb.d-nb.de* abrufbar

1. Auflage 2011
© Arena Verlag GmbH, Würzburg 2011
Alle Rechte vorbehalten
Coverillustration: Regine Abos
Gesamtherstellung: westermann druck GmbH, Braunschweig

ISBN 978-3-401-06729-2

www.arena-verlag.de

David Demant

Eine
Null
im
Alltag?

Aus dem Englischen
von Silvia Schröer

Die erstaunliche Welt der Mathematik

Arena

INHALT

EIN BLICK AUF DIE
NATÜRLICHEN ZAHLEN 11

NATÜRLICHE ZAHLEN
UND IHRE SYMBOLE 19

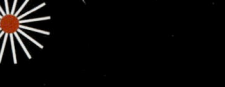

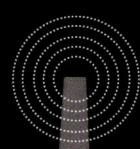

DAS ZIEL DIESES BUCHES

Dieses Buch handelt von zehn Zahlen — null, eins, zwei, drei, vier, fünf, sechs, sieben, acht, neun.

Sie gehören zu einer Zahlenreihe, die wir als natürliche Zahlen kennen.

Diese Reihe beginnt mit null und wird fortgeführt, indem man eins zu null addiert und dann eins zu eins und dann eins zu jeder folgenden Zahl. So kann man ewig weitermachen.

Sie heißen natürliche Zahlen, weil sie dem, was wir in der Natur sehen, zu entsprechen scheinen. Natürliche Zahlen werden beim einfachen Zählen 1, 2, 3 usw. benutzt und gehören zu den ganzen Zahlen.

Manche Leute zählen die Null nicht zu den natürlichen Zahlen, da sie nicht zum Zählen benutzt wird. Normalerweise fangen wir bei eins oder manchmal auch bei einer anderen Zahl zu zählen an. Nur beim Rückwärtszählen sieht das anders aus: ein Countdown für den Start einer Rakete endet normalerweise bei null. In diesem Buch gehört die Null wegen ihrer besonderen Rolle in der Geschichte der Zahlen dazu.

Wir verwenden natürliche Zahlen zum Zählen, Nummerieren und Messen.

Wir zählen Leute in den Schlangen vor den Supermarktkassen, um zu entscheiden, in welcher Schlange wir uns anstellen wollen.

Wir verteilen Nummern, um Dinge zu ordnen und zu identifizieren, zum Beispiel Lotterielose, Nummernschilder auf Autos, Hausnummern oder Nummern auf Büchern aus der Bücherei.

Die natürlichen Zahlen sind uns so geläufig, dass wir sie für selbstverständlich halten – als wären sie schon immer da gewesen. Aber es gab eine Zeit, in der die natürlichen Zahlen nicht existierten. Sie sind nicht einfach irgendjemandem irgendwann eingefallen. Die natürlichen Zahlen blicken auf eine lange Geschichte zurück, in deren Verlauf sie sich verändert und weiterentwickelt haben.

Natürliche Zahlen sind alle **positiv** und unterscheiden sich von den negativen Zahlen wie −347 und −1.

EIN BLICK AUF DIE NATÜRLICHEN ZAHLEN

TIPP!
Fülle diese Tabelle auf einem Extra-Blatt aus.

ZAHLEN IM ALLTAG

Wir verwenden Zahlen und Nummern jeden Tag. In dieser Tabelle findest du einige Beispiele. Vielleicht möchtest du die Tabelle vervollständigen. Die ersten beiden Zeilen haben wir schon für dich ausgefüllt.

VERWENDUNG DER ZAHL	BEISPIEL	ZÄHLEN ODER NUMMERIEREN
Telefon ☎	0 30-42 35 35 46	Nummerieren
Kreditkarte	1234 3456 5678 7890	Nummerieren
Straße/Hausnummer		
Ausgabe einer Zeitschrift		
Schuhgröße 👟		
Autokennzeichen 🚗		
Prüfen, ob du genug Geld für den Getränkeautomaten hast €		
Nummer einer Autobahn oder Bundesstraße		
Busfahrkarte/ Monatskarte		
Rückennummern für Sportler		
Uhrzeit 🕐		
Identifikations-Nr. eines Buches aus der Bücherei		

ATTACKE!

ZAHLEN REGELN UNSERE WELT

Zahlen und Nummern helfen uns, die Welt zu verstehen und zu verändern.

Zahlen und Nummern können zu guten oder zu schlechten Zwecken eingesetzt werden – im Gesundheitswesen, im Schulwesen, für Verbrechen und Krieg. Zahlen und Nummern sind neutral. Erst wie wir sie einsetzen, macht sie gut oder schlecht.

Zahlen wurden nicht erfunden, weil einige Menschen Spaß daran hatten, Rätsel oder schwierige Aufgaben zu lösen.

Zahlen und Nummern erleichterten Bauern, Soldaten, Buchhaltern, Astronomen und Leuten wie dir und mir die Arbeit.

FAKT

Manchmal wird das Wort „Nummer" auch ganz unmathematisch gebraucht: „Das war nicht seine beste Nummer in diesem Konzert." „Auf Nummer sicher gehen." „Macht, was ihr wollt, ich bin raus aus der Nummer." „Toller Scherz. Du bist vielleicht eine Nummer!"

ZAHLEN GIBT ES SCHON LANGE

Seit über zehntausend Jahren zählen die Menschen Dinge, um sie zu verkaufen, um sicherzugehen, dass sie keine Tiere aus einer Herde verloren haben, oder um festzustellen, wie viele Soldaten in einer Schlacht getötet wurden. Sie bedienten sich Kalendern, um aus religiösen Zwecken die Zeit zu messen oder um Naturereignisse wie Überschwemmungen und Dürreperioden festzuhalten.

Die Geschichte der natürlichen Zahlen ist die Geschichte des Lebens. Sie handelt davon, wie Menschen verschiedener Kulturen versuchten, ihr Leben in geschäftlichen Dingen, im Handel, bei Heiraten, Todesfällen und Geburten, bei Kriegen und bei Spielen zu organisieren — bei allem, was Menschen taten oder immer noch tun: Zahlen waren und sind dabei.

VORHANG AUF FÜR EINS UND NULL

Null und Eins sind in der heutigen Welt wahrscheinlich die wichtigsten natürlichen Zahlen.

Die Zahlen Null und Eins werden für das Programmieren von fast jedem Computer, jedem DVD-Player, jedem Handy und im Internet gebraucht.

Computer gibt es seit etwa 1950. Zunächst waren sie riesige Maschinen, die nur wenige Menschen verstanden und bedienen konnten.

Etwa dreißig Jahre später gab es sie dann überall. Heute sind Computer ein wichtiger Teil unseres Lebens, aber ihr Einfluss stützt sich auf nur zwei natürliche Zahlen: Eins und Null.

Charles Babbage
1792–1871

In jungen Jahren litt Babbage an vielen Kinderkrankheiten. Glücklicherweise wuchs er aber in einer Familie auf, die reich genug war, um ihm Privatlehrer zu ermöglichen. Babbage wurde Mathematikprofessor an der Universität von Cambridge in England. In den 1830er-Jahren ließ er sich zweimal für das britische Parlament aufstellen, wurde allerdings nie gewählt.

Babbage beschäftigte es sehr, dass die Menschen beim Rechnen immer Fehler machen. Obwohl er im Zeitalter mechanischer Getriebe und Dampfkraft lebte, ist sein größter Verdienst die Entwicklung des Prinzips des modernen Computers. Zwar baute er nie einen funktionierenden Computer, aber im späten 20. Jahrhundert wurde ein funktionsfähiger Computer nach Babbages Entwurf hergestellt.

WAS IST EINE NATÜRLICHE ZAHL?

Eine natürliche Zahl lässt sich nicht anfassen. Wir können sie nicht eintüten und in ein Geschäft oder ein Museum stellen. Wir können eine natürliche Zahl noch nicht einmal sehen. Sie ist nur eine Vorstellung in unseren Köpfen.

Tatsächlich lassen Zahlen sich weder berühren noch riechen, schmecken oder anschauen wie Steine, Spielkarten und Früchte.

Eine Zahl beschreibt eine Sache oder eine Gruppe von Sachen, wie Menschen, Tiere oder sogar Ideen. Wenn wir drei Schafe, drei Raketen oder drei Ideen haben, ist ihnen allen etwas gemeinsam – dass es drei sind.

Auch um Reihenfolgen anzugeben, greifen wir auf natürliche Zahlen zurück. In diesem Fall bezeichnen wir sie als Nummern. Sie geben zum Beispiel an, als Wievielter man beim 100-m-Lauf durchs Ziel kommt oder in welcher Klassenstufe man ist.

EINE ZAHL IST EINE VORSTELLUNG

Eine Zahl ist kein Gegenstand, sondern eine Vorstellung. Sie beschreibt Dinge, die sich in Gruppen zusammenfassen lassen.

Zahlen und Nummern sind Beschreibungen, unabhängig davon, was gezählt oder gekennzeichnet wird.

Vierzehn Autos, vierzehn Äpfel, vierzehn Ideen, vierzehn Gerüche: Lauter unterschiedliche Dinge, die eins gemeinsam haben – von jedem gibt es vierzehn.

Der Unterschied zwischen Zählen und Nummerieren

Schauen wir uns die Zahl 31 an. Wenn du sagst, dass der Dezember 31 Tage hat, zählst du die Tage im Dezember. Aber der 31. Dezember kennzeichnet einen bestimmten Tag im Dezember.

Zählst du Dinge in einer Gruppe, findest du heraus, wie viele davon in dieser Gruppe sind. Du bestimmst ihre Anzahl. Nummerierst du einen Gegenstand, gibst du seine Stellung in einer Reihe von diesen Gegenständen an.

DU BIST DRAN MIT ZÄHLEN!

Sieh dir die Schlange dieser Astronauten an, die darauf warten, an Bord der Rakete zu steigen. Zähle sie und mache für jede zehnte Person einen Strich auf einem Blatt Papier. Wenn du auf ein Blatt schreibst, kann noch jemand anderes das Buch benutzen.

NATÜRLICHE ZAHLEN UND IHRE SYMBOLE

SO SCHREIBEN WIR ZAHLEN

Wenn wir eine Rechnung bekommen oder selbst auf Papier oder am Computerbildschirm rechnen, stehen dort Zeichen wie **3** oder **56**.

3 und **56** sind keine Zahlen. Es sind Zeichen oder Symbole für Zahlen. Wir kennen diese Zeichen auch unter dem Namen Ziffer. Die Ziffern 0, 1, 2, 3, 4, 5, 6, 7, 8, 9 sind Symbole für Zahlen. Das Symbol **56** setzt sich aus zwei Ziffern zusammen – nämlich 5 und 6.

Wir verwenden Ziffern, um Zahlen darzustellen. Die Ziffer **3** stellt die Zahl Drei dar und die Ziffernreihe **56** die Zahl Sechsundfünfzig.

Zeichen wie **3** sind sehr hilfreich beim Umgang mit Zahlen. Durch sie wird das Addieren, Subtrahieren, Multiplizieren und Dividieren auf Papier einfacher. Es ist viel schwieriger, mit Worten für Zahlen zu rechnen.

56 sechsund-
fünfzig

3 drei

SCHERZFRAGE

F: „Was sagt die 0 zur 8?"
A: „Netter Gürtel."

(Die 8 sieht aus wie eine 0 mit einem Gürtel um die Taille.)

DU BIST DRAN

Erfinde eigene Bildsymbole für null, eins, zwei, drei, vier, fünf, sechs, sieben, acht, neun.

ZAHLEN KÖNNEN BELIEBIGE SYMBOLE HABEN

3 ist nicht das einzige Zeichen für drei! Im alten Ägypten vor fünftausend Jahren bestand das Symbol für drei aus drei senkrechten Linien.

I I I

Vor über zweitausend Jahren verwendeten die Menschen in Indien drei waagerechte Linien als Symbol für drei.

≡

Vor über eintausend Jahren benutzte das Volk der Maya in Südamerika drei Punkte als Symbol für drei.

● ● ●

Es scheint nur logisch, diese Art von Symbolen für die Zahl Drei zu verwenden – so als würde man drei Finger einsetzen. Dass du deine Finger benutzen kannst, um bis fünf oder zehn zu zählen, weißt du. Eine größere Anzahl könnte man zählen, indem man sich außerdem der Zehen oder anderer Körperteile bedient.

EINIGE SEHR FRÜHE SYMBOLE

Nicht jeder verwendete Punkte oder Linien, um drei darzustellen.

Die Sumerer im Irak vor über viertausend Jahren benutzten diese drei Symbole:

Das Symbol ⊔ steht für die Zahl Eins.

Die Sumerer ritzten ihre Symbole in feuchte Tontafeln. Die Tafeln wurden dann durch Backen oder Trocknen in der Sonne gehärtet.

Das sumerische Symbol für zehn war

Wenn die Sumerer ihre Symbole aufschrieben, stellten sie die Symbole für größere Zahlen nach oben und lasen die Symbole von rechts nach links.

Zweiundfünfzig sah so aus:

DU BIST DRAN

Verwende die sumerischen Symbole und schreibe die Zahlen: sechs, dreizehn und achtundvierzig.

VERSCHIEDENE SYMBOLE FÜR ZEHN

Hier siehst du noch einige andere Symbole für zehn.

VOR ETWA 5 000 JAHREN

VOR ETWA 2 000 JAHREN

VOR ETWA 1 000 JAHREN

Ägypter

Römer

Maya

Inder

Griechen

Manchmal wurden die Symbole ausgeschrieben, damit sie als Teil eines Gesamtbildes auf einem Stück Papyrus (papierartiges Schreibmaterial, das aus Pflanzen hergestellt wurde) oder auf einem Stein schön aussahen.

Jede der hier erwähnten Kulturen verwendete verschiedene Schreibweisen, um diese Zahlensymbole auszuschreiben. Außerdem gebrauchten sie die jeweiligen Symbole unterschiedlich. Auch veränderten sich die Symbole mit der Zeit.

DU BIST DRAN: „ZWEIUNDVIERZIG" MAL GANZ ANDERS SCHREIBEN

Schreibe mithilfe der Symbole aus anderen Kulturen die Zahl Zweiundvierzig. Wie viele Schreibweisen fallen dir ein? Ordne die Symbole dabei so an, wie es dir am besten gefällt.

AUF DER SUCHE NACH DEN GEEIGNETSTEN SYMBOLEN

In der Geschichte der Zahlen geht es vor allem um die Fragen, auf welche Art und Weise Zahlen am besten darzustellen sind und wie man sie am besten nutzt.

Einige Lösungen waren geeigneter als andere, weil sie den Umgang mit Zahlen vereinfachten, z. B. zum Mulitplizieren oder Addieren.

Es hat lange gedauert, bis wir bei den heutigen Symbolen für natürliche Zahlen angekommen waren. Auf dem Weg dorthin durchliefen die Symbole viele Veränderungen. Heute kennt so gut wie jeder auf der Welt diese Symbole.

Die Symbole, die wir benutzen, sind 1, 2, 3, 4, 5, 6, 7, 8, 9 und 0.

Mithilfe von einem oder mehrerer dieser Symbole kann man jede natürliche Zahl wiedergeben. Dieses Buch handelt von diesen Symbolen und ihrer Verwendung.

SCHERZ-FRAGE

F: „Was sagt die 1 zur 7?"
A: „Nette Frisur."

WITZ

Treffen sich eine 6 und eine 9, sagt die 9 zur 6: „Seit ich Yoga mache, fühle ich mich viel mehr wert."

GEHEIME
KRIEGSSYMBOLE

Die folgende Geschichte stammt von Guy Rundle, einem Journalisten der Zeitung *Age* in Melbourne, Australien. Er hat sie sich für eine Kolumne mit der Überschrift „Was wäre, wenn …" ausgedacht; sie ist also nicht wahr.

Die Geschichte der australischen Neinich-Törtchen

1917 wurden in Melbourne ein paar Bäckergesellen von einem Exekutionskommando erschossen. Kannst du dir den Grund denken?

Sie wurden erschossen, weil sie deutschen Spionen während des Ersten Weltkrieges 1914 bis 1918 mit kleinen Törtchen geheime Botschaften zukommen ließen.

5

Die Törtchen hießen Neinich-Törtchen. Sie hatten verschiedene Farben und stellten je nachdem, wie man sie anordnete, geheime Symbole für die Buchstaben des Alphabets dar.

Der Spionagering nahm seine Arbeit 1915 auf und verschickte Informationen über die Verteidigung der deutschen Gebiete in Neuguinea.

Nach der Hinrichtung der Bäckergesellen wurde der Name der Törtchen in Neenish geändert, damit er nicht so offensichtlich deutsch klang.

Aus dem gleichen Grund änderte die britische Königsfamilie während des Ersten Weltkrieges ihren deutsch klingenden Namen „Sachsen-Coburg-Gotha" in den englischen Namen „Windsor".

TÖRTCHEN ALS SYMBOLE

Damit du verstehst, wie man Törtchen als Symbole für geheime Botschaften verwenden kann, backst du am besten erst mal welche.

Die Mengenangaben im folgenden Rezept reichen für 24 Törtchen.

Zutaten für den Teig:

125 g Margarine oder weiche Butter
1 Ei
180 g Mehl
1 gehäufter Esslöffel Puddingpulver
2 Esslöffel Milch

Zutaten für die Füllung:

60 g Butter
30 ml Kondensmilch
1 Teelöffel Zitronensaft
2 gehäufte Esslöffel gesiebter Puderzucker

1. Rühre die Margarine mit dem Ei schaumig.

2. Füge die Milch hinzu.

3. Siebe das Mehl, das Backpulver und das Puddingpulver darüber und knete alles unter.

4. Rolle den Teig dünn aus.

5. Schneide Stücke vom Teig ab und lege Backförmchen für kleine Törtchen damit aus.

6. Stich den Teig gut ein und backe die Törtchen bei mittlerer Hitze 10 bis 12 Minuten.

7. Für die Füllung schlägst du die Butter mit dem Puderzucker schaumig.

8. Dann fügst du Kondensmilch und Zitronensaft hinzu.

9. Gut verrühren.

10. Zum Schluss die Törtchen füllen.

Nun kommt das Wichtigste.
Bestreiche zwölf der Törtchen zur Hälfte mit rosafarbenem Zuckerguss. Die andere Hälfte bestreichst du weiß. Mit den übrigen zwölf Törtchen verfährst du genauso, nimmst aber keinen rosafarbenen Guss, sondern Schokolade.

FÜR DEN GEHEIMCODE

Vielleicht wunderst du dich, warum es nur 24 und nicht 26 Törtchen sind.

Der Geheimcode orientierte sich an den 24 Zahlenpositionen auf dem Ziffernblatt einer Uhr (dabei ist 13 ein Uhr mittags und 24 Mitternacht).

Stell die ersten zwölf Törtchen
in einer Reihe auf, sodass
jedes von ihnen eine der zwölf
Positionen des großen Uhrzeigers
von 12 Uhr nachts bis 11 Uhr
vormittags nachahmt.

Diese zwölf Törtchen geben
die ersten zwölf Buchstaben
des Alphabets wieder. Im Bild
siehst du die ersten sieben.

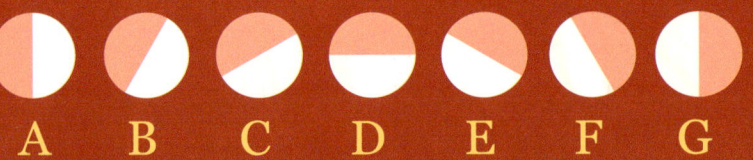

A   B   C   D   E   F   G

Jetzt richte die zwölf Törtchen mit
Schokoladenhälfte so aus, dass jedes
von ihnen die Position des großen
Uhrzeigers von 12 Uhr mittags bis
11 Uhr abends zeigt. Zwei Buchstaben
des Alphabets wirst du auslassen
müssen. Du solltest diejenigen wählen,
die am wenigsten benutzt werden.

Nun kannst du mithilfe der Törtchen
eine Botschaft versenden. Sie könnte
zum Beispiel lauten: „Iss uns jetzt."

AUF DIE SYMBOLE KOMMT ES AN

Die Aufstellung der Törtchen entspricht der Position der Zahlen auf dem Ziffernblatt einer Uhr. Mithilfe der Törtchen schufen die Spione eine Möglichkeit, geheime Botschaften weiterzugeben.

Der Code verwendete die Zahlen des Ziffernblatts, um vierundzwanzig Buchstaben des Alphabets wiederzugeben. Die Zahlen wiederum dienten als Symbole für Buchstaben. Damit dieser Code funktioniert, brauchst du nicht unbedingt Törtchen – es sei denn, du bist ein Spion und zugleich Bäckergeselle …

NATÜRLICHE ZAHLEN SIND
TEIL EINER SPRACHE

ZAHLEN SIND TEIL EINER SPRACHE, DIE MATHE-MATIK GENANNT WIRD

Mathematik ist eine besondere Sprache.

Es gibt – und gab schon immer – Tausende von verschiedenen Sprachen, aber die Sprache der Mathematik wird so gut wie überall auf unserem Planeten identisch angewandt und geschrieben.

Mathematik umfasst verschiedene Zahlensysteme, aber das bekannteste Zahlensystem verwendet die Symbole 1 bis 9 und 0 zum Addieren, Subtrahieren, Mulitplizieren und Dividieren. Diese Symbole kennt und verwendet jeder … auch wenn die Zahlen in anderen Sprachen anders heißen.

WAS IST MATHEMATIK?

Mathematik ist die Lehre von Zahlen und Formen und wie sie sich zueinander verhalten. Sie umschließt Arithmetik, Geometrie und Algebra.

In der Arithmetik geht es um Zahlen und wie man sie addieren, subtrahieren, dividieren und multiplizieren kann.

Algebra handelt auch von Zahlen, setzt aber Buchstaben ein, um unbekannte Zahlen zu schreiben.

Geometrie handelt von Linien, von Flächen (z. B. Quadrate, Rechtecke, Kreise) und von Körpern (z. B. Kugeln und Quader).

Dieses Buch handelt von den Zahlen als Teil der Arithmetik.

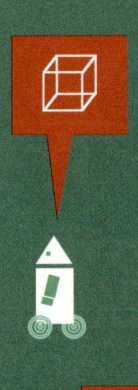

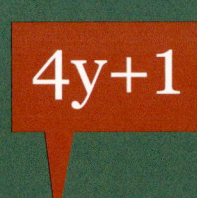

IN DER MODERNEN MA-THEMATIK KÖNNEN WIR JEDE NATÜRLICHE ZAHL DARSTELLEN

NEUN-HUNDERT-SECHSUND-ACHTZIGTAUSEND FÜNFHUNDERT-VIERUND-SECHZIG

Jede natürliche Zahl kann durch die zehn Symbole 1 bis 9 und 0 wiedergegeben werden.

Die Art, wie wir natürliche Zahlen heute verwenden, wurde vor über eintausend Jahren in Indien entwickelt. Arabische Gelehrte, Händler und andere Reisende brachten das System nach Europa und von dort aus verbreitete es sich über die ganze Welt.

Verschiedene Kulturen entwickelten verschiedene Systeme, indem sie Symbole für Zahlen einsetzten. Doch nur eine von ihnen, nämlich Indien, entwickelte das System, das wir heute anwenden.

Wie wichtig unser Zahlensystem ist, wird klar, wenn wir Mathematik in unsere Alltagssprache übersetzen oder unsere Alltagssprache in Mathematik.

INFO

Übersetzen heißt: etwas von einer Sprache in einer anderen sagen oder schreiben.

986 564

WAS HEISST „MATHEMATIK ÜBERSETZEN"?

Fangen wir mit Sieben an. Sie wird in der Mathematik durch das Symbol 7 abgebildet. **7** wird also in der Alltagssprache mit **sieben** übersetzt.

Ein anderes Beispiel ist die Zahl **Neunhundertsechsundachtzigtausendfünfhundertvierundsechzig.** Diese Zahl wird mit dem Symbol **986 564** in die mathematische Sprache übertragen. Dieses Symbol steht für die Zahl.

Die in Worten ausgedrückte Zahl ist sehr viel länger und braucht sehr viel mehr Platz als ihre Übersetzung in ein Symbol.

WITZ

Gast: „Herr Ober, zahlen bitte!"
Ober: „3, 17, 23, 45 ..."

Alles, was in moderner Mathematik geschrieben ist, kann in die Alltagssprache übersetzt werden. Die Version in der Alltagssprache kann mehrere Seiten lang sein, während die mathematische Version vielleicht nur eine Zeile lang ist. Das liegt daran, dass die moderne Mathematik Zeichenketten zur Abkürzung verwendet. Wir können auch andere Zahlensysteme in die Alltagssprache übersetzen, zum Beispiel ägyptische Hieroglyphen. Doch diese Systeme sind nicht so leicht zu handhaben gewesen wie unser heutiges System und Rechenvorgänge wie Addition und Subtraktion waren nicht so einfach zu bewerkstelligen.

AUF DIE STELLUNG KOMMT ES AN

Wie übersetzen wir eine Zeichenkette wie 77 oder 777 oder 7777?

Jede **7** ist eine **7**, aber abhängig von ihrer Stellung in der Ziffernreihe hat sie eine andere Bedeutung.

In der Zeichenkette 7777 zum Beispiel hat jedes Symbol für 7 abhängig von seiner Stellung einen anderen Wert.

Beginnen wir von rechts: Die erste **7** hat einen Wert von sieben Einern. Die nächste **7** hat einen Wert von sieben **Zehnern**. Die dritte 7 steht für sieben **Hunderter**. Die 7 links verkörpert sieben **Tausender**. 7777 steht also für die Zahl Siebentausend-siebenhundertsiebenundsiebzig.

7777 ist das Ergebnis, wenn man „siebentausendsiebenhundertsieben-undsiebzig" aus der Alltagssprache in die Mathematik übersetzt.

> Eine Zeichenkette ist eine Aneinander-reihung von Zeichen (Symbolen), die eine Zahl darstellen. Eine Zeichen-kette kann lang oder kurz sein.

WIE HABEN WIR DEN WERT EINES ZEICHENS IN EINER ZEICHENKETTE BESTIMMT?

Wir haben das Stellenwertsystem angewendet.

Das Stellenwertsystem versetzt uns in die Lage, den Wert eines Zeichens herauszufinden, abhängig davon, an welcher Stelle in der Zeichenkette es sich befindet – ob es am Anfang steht, an zweiter oder dritter Stelle oder wo auch immer.

Das Stellenwertsystem besagt, dass der Wert eines Zeichens in einer Zeichenkette von seiner Stellung in der Kette abhängt.

Nicht alle Zahlensysteme verwenden ein Stellenwertsystem.

Ein Lehrer bittet einen Schüler, 77 zu schreiben.
Schüler: „Wie mach ich das?"
Lehrer: „Schreib 7 und dann eine weitere 7 daneben!"
Der Schüler schreibt 7 und macht dann ein verwirrtes Gesicht.
Lehrer: „Gibt's ein Problem?"
Schüler: „An welche Seite schreibe ich die andere 7?"

Das Stellenwertsystem wurde in der Geschichte viermal unabhängig voneinander entdeckt: vor etwa viertausend Jahren in Babylon, vor etwa zweitausend Jahren in China, vor etwa eintausendfünfhundert Jahren von den Mayas und zur selben Zeit in Indien.

Die Entdeckung des Stellenwert-systems

vor Tausenden von Jahren

NULL IST SEHR VIEL MEHR ALS NICHTS

Durch die Null wird das Stellenwertsystem sogar noch sinnvoller.

Durch die Null können wir z. B. 20, 200, 202, 220, 2002 oder 2020 schreiben und wissen, dass jede dieser Zahlen einen anderen Wert darstellt.

Null unterscheidet sich von den anderen Zahlen. Sie hat keinen eigenen Wert. Das Symbol **0** beschreibt in einer Zeichenkette eine Position, die keinen Wert hat.

Im Unterschied zu den anderen Zahlen wird null auch nicht zum Zählen verwendet. Wir beginnen, bei der ersten Zahl einer Reihe zu zählen, nicht bei der „nullten". Das schlägt sich auch im Kalender nieder: Das einundzwanzigste Jahrhundert beginnt mit dem Jahr 2001. Es gab kein nulltes Jahrhundert und der moderne Kalender begann mit dem ersten Jahrhundert.

Null hat eine andere Eigenschaft. Wenn wir null rechts an eine Zahl anfügen, multipliziert sich diese mit der Zahl zehn. **220** ist also eine Zahl, die zehnmal **zweiundzwanzig** ist.

heute

NULL-FRAGEN

Bei welchem Spiel bedeutet „Love" (engl: Liebe) null oder nichts? Was bedeutet es, wenn man etwas in null Komma nichts erledigt?

Schreib ein Gedicht über die Null. Hier sind einige Wörter, die sich auf null reimen: Mull, Pittbull. Und hier einige, die sich auf Zahl reimen: Wahl, Stahl, Marterpfahl. Du könntest dein Gedicht so beginnen. „Es war einmal ein Pittbull …"

DU BIST DRAN

Finde heraus, wie viele Redewendungen oder Ausdrücke die Begriffe „null" oder „nichts" verwenden. Sind sie alle mathematisch? Hier sind zwei Beispiele: „Nullpunkt" und „Wer nichts wagt, der nichts gewinnt".

INFO

„Nullifizieren" heißt: etwas für ungültig erklären.

An **zehn** flotten Sonnen-
hüten wollt ich mich erfreun.
Einen holte sich der Storch.
Da waren's nur noch neun.

Neun flotte Sonnenhüte lagen auf
der Jacht. Einen trug der Wind davon.
Da waren's nur noch acht.

Acht flotte Sonnenhüte sind mir noch
verblieben. In einen legt' der Strauß ein Ei.
Da waren's nur noch sieben.

Sieben flotte Sonnenhüte jagte unser
Rex. Ein Wuff! Der bunte war kassiert.
Da waren's nur noch sechs.

DIE NULL
GEHÖRT DAZU

Genau wie jede andere Zahl kannst du auch
null zu einer beliebigen Zahl dazuzählen,
abziehen oder mit ihr multiplizieren.
Natürlich passiert nichts, wenn du null zu
einer Zahl dazuzählst oder von ihr abziehst,
aber du kannst es trotzdem tun! Wenn man
eine Zahl von sich selbst abzieht – z. B. vier
von vier – ist das Ergebnis null. So wie bei
der Geschichte von den zehn flotten Sonnen-
hüten, von denen der letzte hinaus aufs
Meer fährt, auf Nimmerwiedersehen,
und also keiner übrig bleibt:

Sechs flotte Sonnenhüte
flogen in die Sümpf'. Einen schnappte
sich ein Frosch. Da waren's nur noch fünf.

Fünf flotte Sonnenhüte sah ein wilder
Stier. Einen spießt' er auf sein Horn.
Da waren's nur noch vier.

Vier flotte Sonnenhüte hatt' ich noch
im Mai. Einen nahm ein Spatz als Nest.
Da waren's nur noch drei.

Drei flotte Sonnenhüte sah ein Babyhai.
Er wollte gern mit einem spieln.
Da waren's nur noch zwei.

Auf **zwei** flotte Sonnenhüte
tat das Mondlicht scheinen.
Das sah die alte Fledermaus.
Da hatt' ich nur noch einen.

Den **einen** flotten Sonnenhut,
den geb ich nicht mehr her.
Ich setz ihn auf und fahr damit
hinaus aufs weite Meer.

(Gerda Anger-Schmidt)

DIE NULL IST NICHT SELBSTVERSTÄNDLICH

Das Stellenwertsystem war die Geburtsstunde der Null.

Vielleicht denkst du jetzt: Die Erfindung der Null war doch eigentlich nichts Besonderes, oder? Sie ist uns so vertraut, dass es uns schwerfällt, uns Zahlen ohne Null vorzustellen.

Es dauerte eine ganze Weile – genau genommen ein paar Tausend Jahre – bis die Null das war, was sie heute ist.

Andere Zivilisationen entdeckten das Stellenwertsystem, aber nur die indischen Mathematiker vor über tausend Jahren erfanden die Null, so wie wir sie heute verwenden.

PLATZHALTER FÜR NULL

Die Babylonier, vor etwa viertausend Jahren, benutzten als Erste ein Zahlensystem, in dem der Wert eines Symbols durch seine Stellung bestimmt werden konnte.

Sie fügten zudem eine Leerstelle ein, um zu zeigen, dass eine bestimmte Position keinen Wert hatte.

Problematisch wurde das, wenn jemand eine Leerstelle vergaß oder sie breiter machte, sodass sie aussah wie zwei Leerstellen. Wie sollte man wissen, was zwischen 6(Leerstelle)5 und 6(Leerstelle, Leerstelle)5 gemeint war? Was, wenn man müde wurde und eine Leerstelle übersah?

Später, vor etwa zweitausend Jahren, führten die Babylonier zwei kleine Markierungen anstelle der Leerstelle ein, um zum Beispiel 305 von 35 zu unterscheiden.

Aber die babylonische Null besaß keine der anderen Eigenschaften der Null, wie wir sie heute kennen. Sie fügten keine Null ans Ende von Zeichenketten. Deshalb musste man selbst entscheiden, ob ihr Symbol für „fünfunddreißig" tatsächlich „fünfunddreißig" oder vielleicht „dreihundertfünfzig" heißen sollte.

Das war nicht unüblich. Schließlich erwarten wir oft, dass etwas, was wir sagen, durch den Zusammenhang, in dem wir es sagen, verstanden wird. Zum Beispiel: „Ich bin nur 65 gefahren, Herr Wachtmeister", soll eigentlich heißen: „Ich bin nur 65 km/h gefahren." Während „Es kostet nur 65" z. B. meint: „Das Auto kostet nur 65 000 Euro."

ZAHLENSYSTEME

WAS IST EIN ZAHLENSYSTEM?

Wir haben über Zahlen, Zeichen bzw. Symbole für Zahlen, das Stellenwertsystem und die Null gesprochen. All diese Dinge gehören zum Zahlensystem.

Ein Zahlensystem ist eine Symbolreihe, mit deren Hilfe man Zahlen und ihre Verwendung darstellt.

Das heute gebräuchlichste Zahlensystem besteht aus zehn Grundsymbolen: 0, 1, 2, 3, 4, 5, 6, 7, 8, 9.

Dieses Zahlensystem ist Teil der mathematischen Sprache, welche im Gegensatz zu den vielen verschiedenen gesprochenen und geschriebenen Sprachen fast als Universalsprache gelten kann.

Es gibt und gab schon immer auch andere Zahlensysteme. Zum Beispiel das System, das die alten Ägypter und die Sumerer vor über fünftausend Jahren anwendeten. Computerprogramme zum Beispiel basieren auf einem Zahlensystem, das nur zwei Symbole benutzt, um Zahlen wiederzugeben.

RECHERCHE

Versuche herauszufinden, wie viele verschiedene Sprachen es heute gibt. Wie viele davon existieren nur in gesprochener und nicht in geschriebener Form?

DAS „EINFACHSTE" ZAHLENSYSTEM

Das einfachste Zahlensystem würde sich auf nur ein Symbol stützen, zum Beispiel auf die „1".

In diesem System würde dieses eine Symbol so oft wiederholt werden, wie seine Einheiten in der Zahl. Um „sechzehn" wiederzugeben, würde man also sechzehnmal „1" aufschreiben.

Dieses System scheint auf den ersten Blick ziemlich einfach. Jedes Mal, wenn du ein Symbol für eine Zahl erfinden willst, fügst du das Symbol „1" hinzu, wenn du von einer Zahl zur nächsten gehst.

Tatsächlich kommen so die natürlichen Zahlen zustande: Du erhältst die nächste Zahl, indem du einfach eins dazuzählst.

Einfach?

Beispiel:

$1 = 1$

$11 = 2$

$111 = 3$

$1111 = 4$

$11111 = 5$

$111111 = 6$

$1111111 = 7$

$11111111 = 8$

$111111111 = 9$

und so weiter und so weiter und so weiter ...

Würden wir so fortfahren, erhielten wir sehr lange Zeichenketten für die einzelnen Zahlen. Es wäre fast unmöglich, sie zu lesen.

Überleg nur mal, wie die Zahl Dreißig aussehen würde, ganz zu schweigen von noch größeren Zahlen.

Ganz und gar nicht einfach!

Zeichenketten, die aus identischen Symbolen bestehen, sind unmöglich zu lesen. Es sei denn, du übst dich darin, Muster in den Zeichenketten zu erkennen und auswendig zu lernen.

Die meisten Menschen können das nicht, und selbst wenn du es könntest, warum solltest du?

DAS EIN-SYMBOL-SYSTEM IST NICHT EINFACH

Die Idee, so viele „1"er-Symbole hintereinander zu verwenden, sieht nur auf den ersten Blick einfach aus.

Einerseits ist eine lange Kette aus denselben Symbolen unmöglich zu lesen.

Andererseits lassen sich große Zahlen zum Beispiel nur schwer addieren.

Kleine Zahlen zu addieren, ist recht einfach.

111 + 11111 = 11111111

Das scheint machbar. Aber kannst du dir vorstellen, „sechsundfünfzig" plus – sagen wir –„sechsundreißig" zu rechnen?

111111111111111111111111111111111111
11111111111111111 + 111111111111111111
1111111111111111 = 111111111111111111111
111111111111111111111111111111111111111
1111111111111111111111111111

Kannst du das Ergebnis lesen? Ich kann nicht mal die beiden Zahlen, die zusammengezählt wurden, lesen. Vom Ergebnis ganz zu schweigen!

Äh …

Verwendet man nur ein Symbol, ist es egal, wie man die Symbole anordnet. Es gibt auch kein Stellenwertsystem oder eine Null.

Du könntest zum Beispiel „sechsunddreißig" als Pyramide oder in einer anderen Form aufschreiben.

1	oder	1111	oder	11111111
11		1111		11111111
111		1111		11111111
1111		1111		11 11 11
11111		1111		11 11 11
111111		1111		
1111111		1111		
11111111		1111		
		1111		

Egal, wie deine Darstellung aussieht, sie zeigt immer noch „sechsunddreißig". Vielleicht ist es einfacher, diese Formen zu betrachten, aber als Zahl sind sie immer noch schwer zu lesen.

Wir könnten die Symbole jedoch in Fünfergruppen anordnen, damit sie leichter lesbar sind.

11111 11111 11111 11111 11111 11111
11111 1

Hilfe!

INFO

In den ersten Zahlensystemen wurden Kerben in Knochen geritzt – Zeichen, die dem Symbol „1" sehr nahekamen. Die Menschen fanden heraus, wie sie die Kerben einfacher lesbar machen konnten.

WIR BRAUCHEN MEHR ALS EIN SYMBOL

Wir könnten das Ein-Symbol-System weiter ausbauen, damit es einfacher wird, eine Zahlenkette zu lesen.

Wir könnten die „Bündel"-Methode verwenden, bei der jedes fünfte Symbol seitlich gelegt wird und als eine horizontale Linie durch die vorhergehenden vier Linien führt. Dadurch erhalten wir ein neues Symbol, das für die Zahl fünf steht:

卄卄

„Sechsunddreißig" sieht jetzt also so aus:

卄卄 卄卄 卄卄 卄卄 卄卄 卄卄 卄卄 1

Wir könnten dieses System sogar noch weiter vereinfachen und 1111 durch ein eigenes Symbol ersetzen, zum Beispiel ⌐.

Das Symbol für „sechsunddreißig" wäre dann:

⌐ ⌐ ⌐ ⌐ ⌐ ⌐ ⌐ 1

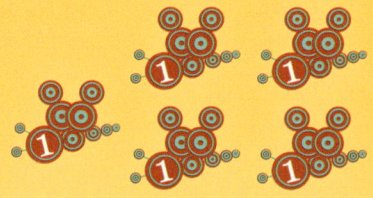

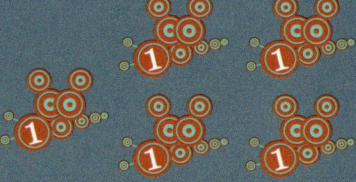

Wir könnten sogar noch weitergehen und die Zahl Zehn durch ein einziges Symbol darstellen, zum Beispiel durch ⊩.

Sechsunddreißig wird nun so geschrieben: ⊩⊩⊩⌐1.

Aber da wir kein Stellenwertsystem haben, können die Zeichenketten in jeder beliebigen Reihenfolge angeordnet werden, zum Beispiel so:

1⊩⊩⊩⌐   oder   ⌐1⊩⊩⊩   oder   ⊩⊩1⊩⌐   oder   ⊩⊩⊩1⌐

Probier noch ein paar andere Möglichkeiten aus, die Symbole anzuordnen.

Es ist egal, wie wir sie anordnen, da wir kein Stellenwertsystem haben.

Wenn wir Symbole wie ~~1111~~, ⌐ und ⊩ verwenden, ändern wir das Zahlensystem, von dem wir ausgegangen sind. Im neuen Zahlensystem benutzen wir nun verschiedene Symbole für verschiedene Zahlen.

Unser gängiges Zahlensystem 0, 1, 2, 3, 4, 5 etc. ist ein weiteres Beispiel für ein Zahlensystem mit mehr als einem Symbol.

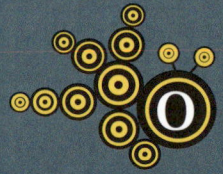

NIMM ZWEI

Schauen wir uns ein System aus nur zwei Symbolen an.

Das Zahlensystem, das von den meisten Computern verwendet wird, basiert auf nur zwei Symbolen: „1" und „0". Ein System, das nur zwei Symbole verwendet, um alle Zahlen abzubilden, nennt man ein Binär- oder auch Zweiersystem.

Bei Computerprogrammen wird das Binärsystem auch Dualcode genannt.

INFO

„Binär" meint „zwei". „Bi" am Anfang eines Wortes gibt an, dass es zwei Dinge davon gibt. Ein Biathlet tritt in zwei Sportarten an. Bipolar bedeutet zweipolig und bilateral zweiseitig. Aber nicht alle Worte, die mit „bi" beginnen, haben eine Bedeutung, die sich auf zwei bezieht. Zum Beispiel bitter, billig und so weiter. Such im Wörterbuch nach weiteren Wörtern, die mit „bi" beginnen und etwas mit „zwei" zu tun haben. Worauf, glaubst du, bezieht sich das Wort „digital"?

SO FUNKTIONIERT EIN BINÄRSYSTEM

In diesem System gibt es nur zwei Symbole, also wird jede natürliche Zahl durch Kombinationen aus „1" und „0" abgebildet.

Beginnen wir von vorne. Null wird „0" geschrieben und eins „1".

Da es nur zwei Symbole gibt, wird die nächste Zahl, also zwei, durch „10" dargestellt. Drei wird durch „11" dargestellt und vier durch „100".

Das Binärsystem stützt sich auf ein Stellenwertsystem und beginnt immer an der rechten Seite der Kette. Die erste Stelle ist also die erste Einheit. Befindet sich an dieser Stelle eine „0", dann ist kein Wert angesetzt; eine „1" hingegen stellt einen Wert für diese Einheit dar.

Eine „1" an zweiter Stelle in einer Zeichenkette steht stellvertretend für eine Zwei; an dritter Stelle für eine Vier; an vierter Stelle für eine Acht. Null hat an keiner Stelle einen Wert.

Bei der Zahl, die mit 111 (4 + 2 + 1) ausgedrückt wird, handelt es sich also um die Sieben. Je größer die Zahl wird, desto länger wird die Zeichenkette.

Die Zeichenketten sehen so aus:

2^6	2^5	2^4	2^3	2^2	2^1	2^0	Natürliche Zahl
64	32	16	8	4	2	1	
						0	= 0
						1	= 1
					1	0	= 2
					1	1	= 3
				1	0	0	= 4
				1	0	1	= 5
				1	1	0	= 6
				1	1	1	= 7
			1	0	0	0	= 8
			1	0	0	1	= 9
			1	0	1	0	= 10
			1	0	1	1	= 11
			1	1	0	0	= 12
			1	1	0	1	= 13
			1	1	1	0	= 14
			1	1	1	1	= 15
		1	0	0	0	0	= 16
		1	0	0	0	1	= 17

Und so weiter. Fünfundachtzig sieht z. B. so aus:

1	0	1	0	1	0	1	= 85

Es ist genauso schwierig, Ketten aus „1" und „0" zu lesen, wie Ketten, die nur aus „1" bestehen. Größere Zahlen erfordern sogar noch längere Ketten aus „1" und „0".

Es ist sehr viel leichter, unsere gewohnten Zeichenketten zu lesen.

DU BIST DRAN

Weißt du, welche natürlichen Zahlen hinter diesen Zeichenketten stecken: 100000 und 111111?

Das Binärsystem ist die Grundlage für die meisten Computerprogramme. Es werden nur zwei Symbole gebraucht, da Computer eine große Zahl von Schaltern besitzen, die zwischen AN und AUS umschalten. Dabei steht „1" für AN und „0" für AUS.

Computer könnten leicht so programmiert werden, dass sie viele „1"-er und viele „0"-er auf dem Bildschirm abbilden. Aber uns fällt es schwer, lange Ketten aus „1"-ern und „0"-ern zu erkennen. Deswegen übersetzen Computerprogramme die Binärzahlen in eine Sprache und in Bilder, die wir leicht verstehen können.

Wenn Computerprogramme alle Aktivitäten, die mit Zahlen zu tun haben, übernehmen würden, müssten wir vielleicht gar keine Zahlen mehr lesen oder schreiben und die einzigen Symbole wären „1" und „0".

WIE VIELE SYMBOLE BRAUCHEN WIR IN EINEM ZAHLENSYSTEM?

Man könnte mit einem Zahlensystem arbeiten, in dem jeder Zahl ein anderes Symbol zugeordnet wird.

Wäre dadurch das Problem von unmöglich zu lesenden, sehr langen Symbolketten gelöst?

Wir könnten zum Beispiel die zehn Symbole und dann die sechsundzwanzig Buchstaben des Alphabets verwenden:

0 1 2 3 4 5 6 7 8 9 a b c d e f g h i j k l m
n o p q r s t u v w x y z

In diesem System würden wir bis zur Zahl „Sechsunddreißig" mit „Z" als Symbol gelangen. Und was dann? Wie viel mehr Symbole brauchen wir?

Da jede Zahl ihr eigenes Symbol bräuchte, würden wir allein für alltägliche Dinge eine sehr große Menge an Symbolen benötigen. Und du müsstest dir jedes einzelne merken!

Wie würden die Kassenbons im Supermarkt aussehen? Man würde im Wettstreit liegen, um ausreichend viele Symbole zu finden! Tatsächlich müsste es extrem viele Symbole geben. Wir können uns nicht vorstellen, wie viele, da die Zahlen unendlich weitergehen.

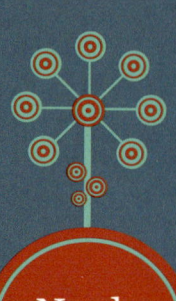

Nord-amerika

Europa

Naher Osten

Indien

Süd-amerika

WELCHES ZAHLENSYSTEM WIRD VON DEN MEISTEN MENSCHEN BENUTZT?

Das Zahlensystem mit den Symbolen 0, 1, 2, 3, 4, 5, 6, 7, 8, 9.

Zuerst wurde es in Indien vor mehr als tausend Jahren entwickelt. Es wurde von arabischen Gelehrten, Händlern und Reisenden aufgegriffen und nach Europa gebracht. Von Europa aus hat es sich über die gesamte Welt verbreitet.

Es mag das beste, zurzeit meistgenutzte System sein, aber wer kann schon sagen, was die Zukunft bringt?

Asien

Japan

Australien

Afrika

Neuseeland

63

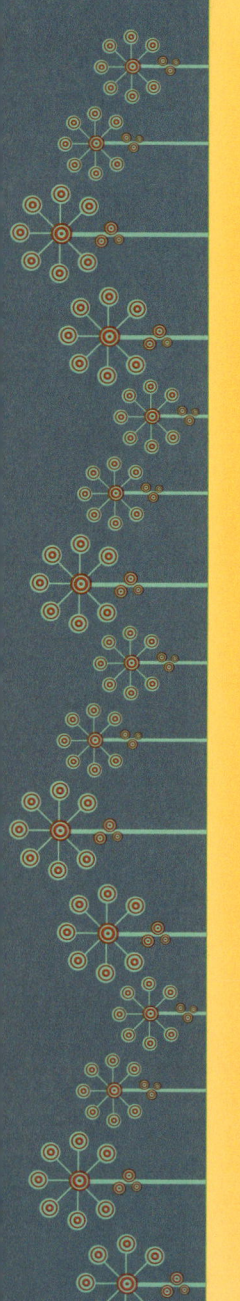

GRUNDZAHL 10

Wenn du dir die Symbolreihe, die wir tatsächlich benutzen, genau ansiehst, wirst du feststellen, dass regelmäßig Symbolabfolgen auftauchen, die auf der Zahl Zehn basieren. (Das Gleiche gilt für das Binärsystem, nur dass die regelmäßige Symbolabfolge auf der Zahl Zwei beruht – siehe Seite 58).

Die erste Folge der zehn Symbole endet mit 9.

0 1 2 3 4 5 6 7 8 9

Die nächste Symbolfolge ist dieselbe, nur dass sie mit „10" beginnt.

10 (10 + 0)   11 (10 + 1)   12 (10 + 2)   13 (10 + 3)
14 (10 + 4)   15 (10 + 5)   16 (10 + 6)   17 (10 + 7)
18 (10 + 8)   19 (10 + 9)

Die nächsten zehn Zahlen beginnen mit (10 + 10) oder 20. Willst du die fehlenden Symbole auf ein Blatt schreiben?

20 + 0   20 + 1   20 + 2   ******   ******   ******
****** ******   ******   20 + 9

Und die nächsten zehn Zahlen beginnen mit (10 + 10 + 10) oder 30. Du kannst die fehlenden Symbole auf deinem Blatt notieren.

30 + 0   30 + 1   ******   30 + 3   30 + 4   30 + 5
****** ******   ******   ******

Wenn wir bei 100 ankommen, geht es genauso weiter. Jede Symboleinheit wird jetzt an (10 + 10 + 10 + 10 + 10 + 10 + 10 + 10 + 10 + 10) oder 100 angefügt.

Versuche, die fehlenden Symbole aufzuschreiben.

```
****** ****** ****** ****** ******
****** ****** ****** ****** ******
```

Die nächste Zehner-Reihe beginnt mit (100 + 10 + 0).

Zweihundert kann so geschrieben werden: (200 + 0 + 0).

Eintausend wird so geschrieben: (1000 + 0 + 0 +0).

Zweitausenddreihundertelf wird also z. B. so geschrieben:

2311 oder
(2000 + 300 + 10 + 1).

Diese Art, Zahlen darzustellen, ist bekannt als Zehnersystem oder Dezimalsystem. Jede Symbolfolge ist eine Wiederholung der ersten Folge aus den zehn Symbolen. Die jeweils nächste Folge ist immer zehn Einheiten größer als die vorhergehende Folge.

KLAMMERN

Klammern fassen eine Gruppe von Zahlen zusammen, sodass sie als *eine* Zahl behandelt werden.

WARUM ZEHN?

Der Grund dafür, dass wir zehn verwenden, sind unsere zehn Finger. Viele verschiedene Kulturen benutzten zehn als Grundzahl in ihrem Zahlensystem. Auch andere Zahlen wurden als Basis benutzt, zum Beispiel zwanzig, weil wir zehn Finger und zehn Zehen haben (im Ganzen also zwanzig). Die Sumerer *(siehe Seite 95)* verwendeten sechzig als Grundzahl. Wir haben immer noch sechzig Sekunden in einer Minute und sechzig Minuten in einer Stunde, wenn wir die Zeit messen.

Das Binärystem ist ein Zweiersystem. Es wird auch Dualsystem genannt. Jede Abfolge von Symbolen ist eine Wiederholung der ersten Folge von zwei Symbolen, nur dass die nächste Folge immer um zwei Einheiten größer ist als die vorhergehende Folge.

Zahlensysteme können auf einer Grundzahl von 5, 20, 60 oder, wofür auch immer du dich entscheidest, aufgebaut sein.

Während die meisten Länder das Zehnersystem verwenden, gibt es immer noch Worte, die von einem Zahlensystem mit anderer Grundzahl stammen, zum Beispiel „zwanzig".

Das französische Wort für „achtzig" ist „quatre-vingt", was „vier mal zwanzig" bedeutet. „Quatre" heißt auf Französisch vier und „vingt" heißt zwanzig.

„Score" im Englischen bedeutet „zwanzig". Man sagt, dass Menschen eine Lebenserwartung von drei *scores* und zehn Jahren (siebzig) haben. Heute leben die meisten Menschen allerdings eher vier *scores* lang. In anderen Sprachen, wie zum Beispiel im Dänischen, Keltischen und Baskischen, finden sich ähnliche Beispiele.

DUTZEND

Im Deutschen finden sich noch Überreste des Zwölfersystems (Duodezimalsystem). Zwölf Stück werden auch „ein Dutzend" genannt. Das Wort „Dutzend" setzt sich aus dem Lateinischen „duo" für zwei und „decem" für zehn zusammen. Unser Jahr hat zwölf Monate und unser Tag zwei-mal zwölf Stunden. Wir kaufen z. B. Eier im Karton im halben Dutzend (sechs Stück).

zwanzig 20

WIR VERWENDEN DAS ZEHNERSYSTEM

Da wir zehn als Grundzahl in unserem Zahlensystem verwenden, vermeiden wir lange Zahlen mit verschiedenen Symbolen, die wir auswendig lernen müssten und deren Niederschrift umständlich wäre.

Jede denkbare Zahl lässt sich mithilfe dieses Systems leicht wiedergeben.

Die zehn Symbole 0, 1, 2, 3, 4, 5, 6, 7, 8, 9 werden Dezimalzahlen genannt und werden gebraucht, um Einheiten im Zehnersystem darzustellen. „Dezimal" stammt von dem lateinischen Wort „decem" (zehn). Egal, welche Zahl man aufschreiben will, man muss sich nur diese zehn Symbole merken.

Das „Dez" in Dezimal bezieht sich auf die Zahl Zehn. Der Dezember war im alten römischen Kalender der zehnte Monat. Eine Dekade ist ein Zeitraum von zehn Jahren. Das Dekagon ist eine geometrische Figur mit zehn Seiten (ein Dreieck hat drei Seiten). Das Wort „dezimieren" hat einen schrecklichen Ursprung. Seine historische Bedeutung bezieht sich auf Armeen, in denen jeder zehnte Soldat zur Bestrafung umgebracht wurde. Doch nicht alle Wörter, die mit „dez" beginnen, beziehen sich auf zehn, z. B. dezent, dezentral, dezidiert.

INFO

Der 10-Euro-Schein wird umgangssprachlich auch „Zehner" genannt.

EIN VERGLEICH ZWISCHEN ZEHNER- UND ZWEIERSYSTEM

Lass uns einen Blick auf die Zahl werfen, die durch 1010101 dargestellt wird.

Im Zehnersystem könnten wir sie durch Punkte unterteilen, damit sie einfacher lesbar ist: 1.010.101. Sie steht für eine Million zehntausendeinhundertundeins.

Wir könnten auch eine Abkürzung verwenden. $(10 \cdot 10)$ kann auch 10^2 geschrieben werden, was ausgesprochen „zehn im Quadrat" oder „zehn hoch zwei" heißt. $(10 \cdot 10 \cdot 10)$ wird 10^3 geschrieben, gesprochen „zehn hoch drei".

Die kleine hochgestellte Zahl wird auch Potenz genannt. 333 kann so geschrieben werden:

$(3 \cdot 100) + (3 \cdot 10) + (3 \cdot 1)$ oder wenn wir Potenzen verwenden $(3 \cdot 10^2) + (3 \cdot 10^1) + (3 \cdot 1)$.

78 234 kann so geschrieben werden:

$(7 \cdot 10\,000) + (8 \cdot 1000) + (2 \cdot 100) + (3 \cdot 10) + (4 \cdot 1)$ oder als Potenz: $(7 \cdot 10^4) + (8 \cdot 10^3) + (2 \cdot 10^2) + (3 \cdot 10^1) + (4 \cdot 1)$.

10^0 bedeutet eins.

In Zehnerpotenzen geschrieben, sieht 1010101 so aus:

$(1 \cdot 10^6) + (0 \cdot 10^5) + (1 \cdot 10^4) + (0 \cdot 10^3) + (1 \cdot 10^2) + (0 \cdot 10^1) + (1 \cdot 10^0)$

$$\frac{0}{10} = 1$$

$$\frac{1}{10} = 10$$

$$\frac{2}{10} = 10 \ \text{x} \ 10$$

$$\frac{3}{10} = 10 \ \text{x} \ 10 \ \text{x} \ 10$$

Aber wofür steht 1010101 im Binärsystem mit der Grundzahl 2?

Im Gegensatz zum Zehnersystem, in dem jedes Symbol so angeordnet ist, dass es Einer, Zehner, Hunderter und so weiter verkörpert, steht im Binärystem jedes Symbol für eine Zweierpotenz.

Im Zweiersystem ist 1010101:

$(1 \cdot 2^6) + (0 \cdot 2^5) + (1 \cdot 2^4) + (0 \cdot 2^3) + (1 \cdot 2^2) + (0 \cdot 2^1) + (1 \cdot 2^0)$

Wir können den Zahlenwert von 1010101 ermitteln.

$(1 \cdot 2^6) = 64$

$(0 \cdot 2^5) = \ 0$

$(1 \cdot 2^4) = 16$

$(0 \cdot 2^3) = \ 0$

$(1 \cdot 2^2) = \ 4$

$(0 \cdot 2^1) = \ 0$

$(1 \cdot 2^0) = \ 1$

Zählen wir alles zusammen, kommen wir auf 64 + 0 + 16 + 0 + 4 + 0 +1, was gleich 85 ist. In einem Zweiersystem steht 1010101 also für die Zahl „Fünfundachtzig".

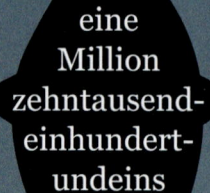

eine
Million
zehntausend-
einhundert-
undeins

fünf-
und-
achtzig

Inzwischen ist hoffentlich der Unterschied zwischen Symbolen und Zahlen
klar geworden.

Für die Zahlen von null bis neun kann
es viele verschiedene Symbole geben
oder ein einzelnes Symbol kann verschiedene Zahlen darstellen, je nach
dem was für eine Grundzahl du benutzt.

1010101 steht für eine Million
zehntausendeinhundertundeins
im Zehnersystem, aber für
fünfundachtzig im Zweiersystem.

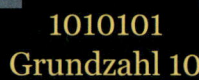

1010101
Grundzahl 2

1010101
Grundzahl 10

DU BIST DRAN

Sieh dir die unten stehende Tabelle an. Sie vergleicht verschiedene Stellenwertsysteme. Fülle die Lücken aus. Damit du weißt, wie du vorgehen sollst, haben wir den größten Teil für das Zehnersystem bereits aufgeschrieben.

Zahl	Zehnersystem		Fünfer-system		Achter-system		Zweier-system	
eins	eins	1	eins	1	eins	1	eins	1
zwei	zwei	2	zwei	2	zwei	2	zwei	$1 \cdot 2$
drei	drei	3	drei	3	drei	3		
vier	vier	4	vier	4	vier	4		
fünf	fünf	5	eins · fünf	$1 \cdot 5$	fünf			
sechs	sechs	6	eins · fünf + 1	$1 \cdot 5$ + 1	sechs			
sieben	sieben	7	eins · fünf + zwei	$1 \cdot 5$ + 2	sieben			
acht	acht	8	eins · fünf + drei	$1 \cdot 5$ + 3	eins · acht			
neun	neun	9	eins · fünf + vier		eins · acht + eins			
zehn	eins · zehn	$1 \cdot 10$	zwei · fünf					
elf	eins · zehn + eins	$10^1 + 1$	zwei · fünf + eins					
zwölf	eins · zehn + zwei	$10^1 + 2$	zwei · fünf + zwei					
dreizehn	eins · zehn + drei	$10^1 + 3$	zwei · fünf + drei					
zwanzig	Zwei · zehn	$2 \cdot 10^1$	vier · fünf					
einund-zwanzig	zwei · zehn + eins	$2 \cdot 10^1 + 1$	vier · fünf + eins					
dreiund-zwanzig		$3 \cdot 10^1 + 3$						
vierund-vierzig		$4 \cdot 10^1 + 4$						
einhundert		10^2						
einhundert-undeins		$10^2 + 1$						
eintausend		10^3						

WAS EINE ZAHL NICHT KANN

Zahlen können nicht die Zukunft voraussagen, kein Pech oder Glück bringen und sie besitzen auch keine magischen Kräfte.

Menschen, die an die magische Kraft von Zahlen glauben, erklären nie, wie das funktionieren soll.

Hat eine Zahl dieselbe Wirkung, wenn sie durch ein anderes Symbol dargestellt oder anders genannt wird, z. B. in einer anderen Sprache?

Betrachten wir einmal die Nummer 13. Es heißt, dass diese Zahl Unglück bringt. In vielen Hochhäusern wirst du kein Stockwerk mit der Nummer dreizehn finden, selbst wenn es eine dreizehnte Etage gibt. Die dreizehnte Etage wird mit vierzehn gekennzeichnet oder manchmal sogar mit „12½". Und an einem Freitag, den 13., möchte man lieber keine Klassenarbeit schreiben ...

Aber reagieren die Menschen eher auf die Symbole, die ein Stockwerk oder einen Tag kennzeichnen, oder auf das Stockwerk selbst oder auf den Aberglauben, der hinter dem 13. Stockwerk oder Freitag, dem 13., steckt?

INFO

Menschen, die sich vor der Zahl dreizehn fürchten, leiden unter *Triskaidekaphobie*.

Würden Menschen das Stockwerk immer noch meiden, wenn wir es mit dem Binärsystem kennzeichnen würden? Auf dem Fahrstuhlknopf stünde dann: „1101" („13" in Binär-Sprache). Würde man sumerische Symbole verwenden, würdest du auf einen Knopf mit folgenden Symbolen drücken:

Wenn die Etage auf Französisch bezeichnet wäre, würde dort „treize" stehen – was dreizehn auf Französisch heißt. Auf Spanisch wäre es „trece". Denkst du, die Menschen wären auch dann noch vor der 13 auf der Hut?

Meiden die Menschen die Zahl Dreizehn, egal, welches Symbol für sie benutzt wird? Oder meiden sie das Symbol „13"?

NOCH MEHR ABERGLAUBE!

„3": Dreimal auf Holz klopfen, soll Unglück abhalten.

„4": Es bedeutet Glück, wenn man ein vierblättriges Kleeblatt findet.

„7": Wenn du einen Spiegel zerbrichst, hast du sieben Jahre Pech.

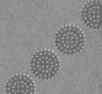

DIE HERKUNFT DER NATÜRLICHEN ZAHLEN

SO ENTSTANDEN DIE ZAHLEN

Eins   Zwei   Drei

Lange haben die Menschen nicht begriffen, dass die Vorstellung von Zahlen sich von den eigentlichen Dingen, die wir zählen, unterscheidet. Wir benutzen dieselben Zahlen, wenn wir Schafe, Rinder, Zaunpfähle oder Schüsseln voller Essen zählen.

Gegenstände kann man zählen, indem man Finger, Kieselsteine, Muscheln, Stöcke, Perlenschnüre, Körperteile oder Knoten an einer Schnur benutzt. Manchmal wurden Bilder dieser Gegenstände – zum Beispiel verschiedene Formen von Perlen – als Symbole für die Zahlen eingesetzt.

Die Hand war das erste Zählwerkzeug. An den Fingern zählte man ab und fand heraus, wie viele Gegenstände sich in einer Gruppe befanden. Auch andere Teile des Körpers wurden zum Zählen verwendet. Zum Beispiel konnte man jedes Tier, das durch ein Tor lief, abhaken, indem man mit dem Finger von einem Körperteil auf das nächstgelegene tippte: Fingerknöchel, Handgelenk, Ellbogen, Schultern, Ohren, Augen, Nase und so weiter.

Zehn

Vier

Fünf

Sechs

Sieben

Acht

Neun

Neun
ein-
halb

AN DEN FINGERN ABZÄHLEN

Für diese Aufgabe brauchst du drei oder
vier Spielpartner. Du selbst bist A und die anderen
B, C, D und E.

A: Halte beide Hände hoch und zähle leise bis 10,
wobei du den jeweiligen Finger hochstreckst.
Beginne mit dem kleinen Finger deiner linken Hand und
hör mit dem kleinen Finger deiner rechten Hand auf.

B: Strecke den kleinen Finger deiner linken Hand.

A: Zähle wieder an deinen zehn Fingern bis 10.

B: Zieh den kleinen Finger wieder ein und strecke den
linken Ringfinger deiner linken Hand.

A: Zähle wieder an deinen zehn Fingern bis 10.

B: Zieh den linken Ringfinger wieder ein
und strecke den linken Mittelfinger
deiner linken Hand.

A und B machen so weiter,
bis B den kleinen Finger
der rechten Hand hochhält.

C: Heb den kleinen Finger deiner linken Hand, um
anzuzeigen, dass A und B bis 100 gezählt haben.

A und B beginnen von vorne.

C streckt den nächsten Finger, wenn A und
B 200 erreicht haben, und so weiter bis 1000.
Dann streckt D den kleinen Finger der linken Hand.

Wie weit kannst du zählen, bevor du eine weitere
Person brauchst? Wenn du eine Gruppe von
20 Personen hast, bis zu welcher Zahl können
sie zählen?

Wie viele Leute brauchst du, um bis 654 zu zählen?
Zeichne die Hände und stelle die Hand, die „4"
anzeigt, ans Ende der Händereihe.

ZAHLENLOSE ZEIT

Es gab eine Zeit, in der es noch keine Zahlen gab. Die Vorstellung „Zahl" musste erst erfunden werden. Das hat lange gedauert, denn zunächst mussten verschiedene Symbole und verschiedene Arten, sie zu verwenden, ausprobiert werden.

Die Menschen erfanden die Vorstellung von der Zahl, damit ihnen das, was sie machten, besser gelang.

Stell dir zum Beispiel einen Bauern vor. Er muss jeden Morgen nachsehen, ob er über Nacht auch keine Tiere verloren hat. Jemand, der eine Anzahl an Dingen verleiht, möchte gerne dieselbe Anzahl zurückbekommen. Ein Geschäftsmann will gerne wissen, ob seine Geschäfte gut laufen. Eltern möchten sicherstellen, dass sie genug Geld haben, um sich und ihre Kinder zu versorgen. Und Heerführer haben immer genau ausgerechnet, ob ihren Truppen genug Lebensmittel und Waffen für die Schlachten, die sie zu kämpfen hatten, zur Verfügung standen.

KEINE ZAHLEN!

ZURÜCK IN DIE VERGANGENHEIT

Es ist unmöglich, wirklich in der Zeit zurückzugehen. Wenn wir es könnten, würden wir vielleicht uns selbst, als wir noch jünger waren, oder unsere Eltern, bevor wir geboren wurden, treffen!

Aber wir können in der Zeit zurückgehen, indem wir unsere Fantasie benutzen und in den Aufzeichnungen nachlesen, die Menschen uns über ihr Leben in der Vergangenheit hinterlassen haben.

Wir können in diesen Berichten Geschichten von Menschen, Dingen und Orten, wie sie einmal waren, finden.

Wir können diese Aufzeichnungen auch nutzen, um etwas über uns selbst zu lernen.

Wir können darüber nachdenken, was Leute in der Vergangenheit getan haben und was wir an ihrer Stelle und zu ihrer Zeit vielleicht getan hätten. Wir können von ihren Erfolgen und Misserfolgen lernen.

Es ist einfach, uns selbst für fortgeschritten zu halten und Menschen, die vor langer Zeit gelebt haben, für primitiv.

Die entscheidende Frage ist, wie wir selbst uns verhalten hätten. Wärst du in der Lage gewesen, eines der Dinge zu erfinden, die wir heute für selbstverständlich halten? Z. B. Autos, Computer, Eisenbahnen, Maschinen und all die anderen unzähligen Dinge, die wir für notwendig erachten?

Wie auch immer deine Antworten auf diese Fragen lauten mag: Alles, was wir heute haben, ist das Ergebnis der Anstrengung von unzähligen Menschen über viele Tausend Jahre hinweg – Menschen wie du und ich.

WIE WAR DAS LEBEN OHNE ZAHLEN?

Bevor das Zählen erfunden wurde, haben die Menschen eine Gruppe von mehr als fünf oder sechs Dingen vielleicht als „viele" bezeichnet. In ihrer Vorstellung existierten nur eins, zwei, drei, vier und vielleicht noch fünf oder sechs.

Im Allgemeinen können Menschen eine Gruppe von Gegenständen bis zu – aber nicht mehr als – fünf oder sechs mit einem Blick erfassen. Versuch einmal, eine Gruppe aus mehr als vier Dingen zu betrachten. Kannst du, ohne nachzuzählen, so einfach bestimmen, wie viele es genau sind?

Um mit Mengen zurechtzukommen, in denen mehr als fünf Dinge zusammengefasst waren, mussten die Menschen zählen lernen.

Zunächst taten sie das ohne Zahlen. Später, als die Menschen in Städten oder großen Gemeinden zusammenlebten, mussten sie Zahlen verwenden.

AUCH TIERE STOSSEN AN IHRE GRENZEN

Tiere scheinen zwei, drei, vier und sogar fünf Gegenstände zugleich erfassen zu können, haben aber Schwierigkeiten, wenn es mehr sind. Menschen können, ohne nachzuzählen, Gruppen aus bis zu fünf Dingen erfassen; wenn es mehr werden, fällt das auch uns schwer.

Es gibt Geschichten von Vögeln, die zählen können. Eine von ihnen handelt von einem Raben, der sein Nest in einer Scheune auf einem Bauernhof baute. Jedes Mal, wenn der Bauer sein Nest zerstörte, kam der Rabe zurück und baute ein neues. Also entschloss sich der Bauer, den Raben zu fangen und ihn erst an einer weit entfernten Stelle freizulassen. Dann ging er mit dem Knecht in die Scheune, der sich dort versteckte, und nur der Bauer kam heraus. Doch der Rabe ließ sich nicht so leicht hereinlegen; er kam erst zurück in die Scheune, als der Knecht sein Versteck verlassen hatte. Der Rabe ließ sich auch dann nicht überlisten, als zwei oder drei Leute hineingingen und alle bis auf einen, der sich versteckte, wieder herauskamen. Schließlich wurde der Rabe eingefangen, als fünf Leute hinein-gingen und vier wieder herauskamen. Die Anzahl fünf war für den Raben zu viel gewesen.

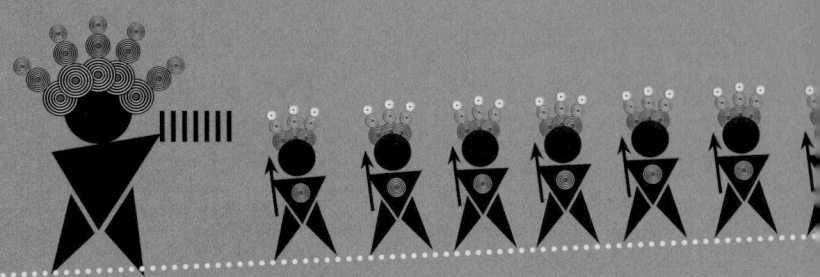

WIE HABEN DIE MENSCHEN GEZÄHLT, BEVOR ES ZAHLEN GAB?

Woher wussten die Menschen, wie viele Gegenstände, sich in einer Menge befanden, bevor das Zählen mit Zahlen erfunden wurde?

Es gab viele Gelegenheiten, bei denen sie etwas kontrollieren mussten. Sie mussten die Anzahl der Soldaten, die von einer Schlacht heimkehrten, überprüfen. Sie mussten nachsehen, ob auch keines der Tiere aus einer Herde fehlte, oder sich vergewissern, dass ihnen jemand die richtige Schuldsumme zurückzahlte.

Kann man das ohne Zahlen?

Die Menschen konnten ohne Zahlen zählen, indem sie Dinge zuordneten, zum Beispiel indem sie Markierungen in Holz oder Knochen ritzten. Diese Markierungen wurden abgehakt, wenn zum Beispiel eine Tierherde durch die enge Öffnung in einem Zaun getrieben wurde.

Ein Stammesanführer wollte vielleicht wissen, wie viele seiner Krieger, die er in einen Kampf geschickt hatte, zurückkehrten. Als die Krieger abmarschieren, bringt der Stammeshäuptling eine Kerbe für jeden Soldaten an. Er weiß nicht, wie viele Krieger er hat, aber er weiß, dass jede Kerbe einem Krieger entspricht. Wenn die Krieger heimkehren, ordnet er jeden Krieger einer Kerbe zu. Bleiben Kerben übrig, weiß er, dass einige Soldaten fehlen, obwohl er sie nicht zählen kann, und er kann einen Suchtrupp nach ihnen ausschicken.

Man kann Dinge aber nicht nur Markierungen oder Kerben auf Stöcken oder Knochen zuordnen.

Man kann auch Kieselsteine auf einen Haufen stapeln, wenn eine Tierherde morgens auf die Weide zieht. Wenn die Tiere abends zurückkommen, kann man einen Kieselstein nach dem anderen wieder von dem Haufen herunternehmen.

Tatsächlich werden bei der ältesten Zählmethode die Hände benutzt. Viele Menschen gebrauchen auch heute noch ihre Finger zum Zählen. Auch andere Körperteile können eingesetzt werden; jedes Teil wird angetippt, um zum Beispiel Früchte in einem Korb zuzuordnen. Man beginnt mit dem kleinen Finger, wandert über die Finger-knöchel und das Handgelenk bis zum Ellbogen, der Schulter, dem Ohr und so weiter bis hin zum anderen kleinen Finger.

INFO

„Kalkulieren" ist ein anderes Wort für rechnen. Es stammt von dem lateinischen Wort „calculus" und bedeutet Steinchen.

ZUORDNEN LÄSST SICH ALLES

Die Kerben oder der aufgeschichtete Kiesel-haufen lassen sich allem zuordnen. Egal, worum es sich handelt. Der Kieselhaufen oder die Kerben können einer Soldatentruppe, einer Schafherde, einer Diamantensammlung oder allem, von dem du dir vorstellen kannst, dass es abgehakt werden muss, zugeordnet werden.

Zahlen entwickeln sich aus dem Prozess des Zuordnens. Irgendwann verbinden die Menschen eine bestimmte Anzahl von Kerben, Kiesel-steinen oder einen bestimmten Körperteil mit einer Zahl. Eine Liste von Zahlen wird angelegt. Statt einer Liste zum Zuordnen gibt es nun eine Liste von Zahlen in einer bestimmten Reihenfolge – so kommen wir zu den Zahlen.

WOHER STAMMEN DIE ZAHLEN?

Man kann sich die Entstehung der Zahlen zum Beispiel so erklären: Auf jede Zahl folgt eine größere Zahl – das scheint ganz natürlich zu sein.

Nehmen wir eine Kuhherde. Du kannst eine Kuh in der Herde erkennen. Die nächste Zahl erhältst du, indem du eine dazuzählst. Du kannst sogar zwei Kühe erkennen. Dann gibt es eine dritte Kuh und so weiter.

WIR ORDNEN STÄNDIG ZU

Wenn du in einen Bus steigst, siehst du sofort, ohne nachzuzählen, ob es freie Sitzplätze gibt, und wenn es welche gibt, ob sie für dich und deine Familie reichen.

Der Kassierer im Kino oder im Theater hat einen Sitzplan. Wenn er einen Platz verkauft, streicht er ihn durch. Will er wissen, ob es noch freie Plätze gibt, muss er die durchgestrichenen Sitzplätze nicht nachzählen.

Wenn du also drei Theaterkarten kaufst, wird jeder Platz auf dem Plan durchgestrichen. Wenn fünf Personen in einen Bus steigen, wird jeder Person ein Sitzplatz zugeordnet, bis alle Leute sitzen oder die vorhandenen Plätze besetzt sind.

Stell dir vor, zwei Lehrer nehmen 50 Schüler mit zu einem Bus-
ausflug in den Zoo. Es gibt genau 53 Sitzplätze – den Sitz für
den Fahrer eingerechnet. Am Ende des Zoobesuchs kehrt die
Gruppe zum Bus zurück und den Lehrern fällt auf, dass einige
Sitze leer sind. Sie bitten den Busfahrer zu warten und machen
sich auf die Suche nach den fehlenden Schülern. Immer wenn
ein fehlender Schüler gefunden wird, geht dieser zum Bus und
nimmt Platz. Wenn alle Plätze besetzt sind, geben die Lehrer
dem Fahrer Bescheid, dass er nun losfahren kann. Sie müssen
die Schüler nicht zählen – weder diejenigen, die im Bus sitzen,
noch diejenigen, die fehlen.

In dem oben beschriebenen Fall wird jedes Ding einem anderen
zugeordnet, bis alle ihr Gegenstück gefunden haben.

STRICHLISTEN

Wenn Gegenstände einander zugeordnet werden,
bezeichnet man das auch als „Strichlisten führen".
Verschiedene Zivilisationen kannten verschiedene Methoden,
um Strichlisten zu führen. Sie legten Reihen aus Kieselsteinen
oder Muscheln oder ritzten Kerben in Stöcke.

Es wurden Geräte entwickelt, mit denen man Strichlisten führen
konnte. Dabei handelte es sich um mit Kerben versehene Knochen.
Der älteste Knochen mit Strichliste ist um die 30 000 Jahre alt.
Man benutzte diese Geräte, um eine Strichliste anzufertigen über
die Anzahl der Tiere, die man zur Nahrungsbeschaffung tötete.

Bei einer anderen Methode zum Strichlistenführen wurden Knoten
in eine Schnur geknüpft. Die Inkas in Südamerika machten das so.
Auch die europäischen Schiffsfahrer verwendeten diese Technik –
und zwar um Tiefen zu messen. Sie verwendeten das Wort
„Knoten", um Geschwindigkeiten auf dem Meer anzugeben.

Die Zeichen auf den verschiedenen Arten von
Strichlisten ähnelten sich sehr. Vor allem,
wenn es um die Zahl Eins ging, die von
allen Völkern durch einen vertikalen
Strich dargestellt wurde.

INFO

Den Begriff „Kerbholz" kennen
wir heute noch. „Etwas auf dem
Kerbholz haben" heißt: etwas schuldig
sein. Noch bis ins 18. Jh. benutzte man
die Zählhölzer, um z. B. über verliehene
Geldbeträge Buch zu führen. Der geschuldete
Betrag wurde durch eine Anzahl von Kerben
auf einem Holz vermerkt. Das Holz wurde
dann der Länge nach in der Mitte ge-
spalten. Die Person, die Geld entlieh,
behielt eine Hälfte und die Person,
die Geld verlieh, behielt
die andere Hälfte.

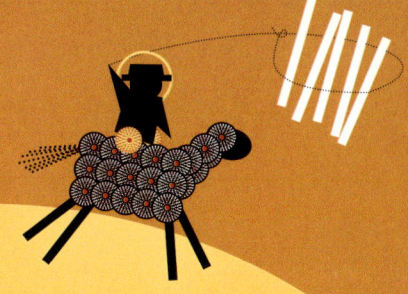

WARUM WAR ES PRAKTISCHER, ZAHLEN ZU VERWENDEN?

Wenn viele Menschen über große Entfernungen leben und arbeiten, kann man sich nicht alles merken. Zu viele Informationen sind vorhanden und zu viel hängt von der genauen Aufzeichnung der Informationen ab.

Ein typisches Beispiel ist das Führen von Bankkonten und das Anfertigen einer Liste von Gegenständen, die man besitzt. Menschen können sich nicht jede Einzelheit einer Regierung merken, die für Hunderte und Tausende von Menschen die Verantwortung trägt, oder Einzelheiten in einer industriell angelegten Landwirtschaft, die viele Menschen beschäftigt und über große Viehbestände verfügt.

In Ägypten, vor etwa fünftausend Jahren, war das Aufzeichnen von Informationen Teil des täglichen Lebens. Und so ähnlich war es überall auf der Welt, zum Beispiel in Indien, China und Südamerika.

DU BIST DRAN

Fertige eine Strichliste an, um die Anzahl der Bücher, die du hast, festzuhalten. Benutze ein Buchsymbol. Du könntest verschiedene Symbole für verschiedene Arten von Büchern verwenden. Erfinde deine eigenen Abkürzungen, damit dir die Arbeit leichter fällt.

STEINE, KNOCHEN UND JETZT SILIKON

Für die allerersten Aufzeichnungen von Informationen, ob mit Schriftzeichen oder mit Zahlen und Wörtern, brauchte man ein Material wie Ton oder Knochen. Später gab es dann Papyrus und dann Pergament (Materialien, die zum Schreiben benutzt wurden) und schließlich Papier. Als Johannes Gutenberg 1436 den Buchdruck erfand, verbreitete sich die Mathematik schnell.

Die ältesten überlieferten Rechensysteme stammen aus Ägypten und Babylon – dem heutigen Irak – vor etwa fünftausend Jahren.

Die allermodernsten Rechenmaschinen – die Computer – verwenden Mikrochips, die aus Silikon und anderen Materialien hergestellt werden. Wusstest du, dass Silikon aus Sand gemacht wird? Eine der ältesten Rechenmethoden benutzte Reihen von Kieselsteinen im Sand.

DIE ERSTEN SYMBOLE FÜR ZAHLEN

Die frühesten Symbole für Zahlen wurden vor etwa fünftausend Jahren im Iran und in Mesopotamien erfunden. Es sind keine Aufzeichnungen vorhanden, die darauf schließen lassen, dass man bereits vor dieser Zeit Zahlen benutzte.

Wie kamen sie zustande? Statt Kerben oder Zeichen auf Stöcken anzubringen, hatten die Menschen begonnen, Geldgeschäfte auf Tontafeln zu verzeichnen.

Die Tontafeln gab es in verschiedenen Formen und Größen. Jede Tafel stand für eine Zahl. Eine stabförmige Tafel könnte also für „1" benutzt worden sein, eine kleine kugelförmige für „10", eine größere kugelförmige für „100" und so weiter.

Albert Einstein

1879 – 1955

Einstein ist weltberühmt. Er hat unsere Sicht auf die Welt stark beeinflusst. Seine Relativitätstheorie wird als einer der Höhepunkte menschlicher Leistungen angesehen. Die Relativitätstheorie beruht auf Mathematik: der Sprache der Wissenschaft, die es Einstein ermöglichte, seine Gedanken bis ins kleinste Detail zu erklären.

Er mag eine der größten Persönlichkeiten sein, die die Welt je gesehen hat, aber Einstein begann seine Laufbahn sehr bescheiden.

1895 fiel er durch die Aufnahmeprüfung für den Studiengang zum Elektroingenieur in der Schweiz. Er arbeitete als Angestellter im Patentbüro in Bern in der Schweiz von 1902 bis 1909. In seiner Freizeit betrieb er seine Recherchen und schrieb Artikel für zahlreiche Zeitschriften. Seine Karriere begann, als er 1905 eine Stelle als Dozent an der Universität von Bern antrat und schon ein Jahr darauf zum Professor für Physik an die Universität von Zürich berufen wurde.

Wurde ein Geldgeschäft getätigt, zeichnete
man den Vorgang auf, indem man verschiedene
Tontafeln in einen Behälter legte, der dann
zur Sicherheit versiegelt wurde. Kostete etwas
einhundertundelf Geldeinheiten, legte man eine
stabförmige Tafel und zwei verschieden große
kugelförmige Tafeln in den Behälter.

Wenn es notwendig wurde, das Geschäft zu
einem späteren Zeitpunkt zu kontrollieren,
musste man den Behälter aufbrechen. War
eine weitere Überprüfung des Geschäfts in
der Zukunft nötig, musste ein neuer Behälter
angefertigt werden.

Behälter aufzubrechen und neue anzufertigen,
war eine ziemliche Zeitverschwendung.
Besonders wenn man es ständig und mit vielen
Behältern tun musste.

Schließlich wurden außen auf dem Behälter Zeichnungen von den Tontafeln, die sich in seinem Inneren befanden, angebracht, damit man ihn nicht immer aufbrechen musste.
In unserem Beispiel wären das die Zeichnungen eines Stabs, einer großen und einer kleinen Kugel. Das erleichterte die Kontrolle. Im Zweifelsfall konnte der Behälter immer noch aufgebrochen werden.

Die Zeichnungen außen auf dem Behälter waren also die Symbole für die Tontafeln in seinem Inneren.

Im nächsten Schritt zeichnete man die Symbole, ohne zugleich Tontafeln oder gar einen Behälter zu verwenden. Die Symbole waren alles, was man brauchte! Die Tontafeln waren überflüssig geworden.

Dies waren die ersten – uns bekannten – geschriebenen Symbole, die Zahlen darstellten.

Alles, was man brauchte, waren Symbole ...
und natürlich das Geld!

WO ALLES BEGANN

Die Menschen bevölkern die Erde seit etwa einer Million Jahren. Die Erde ist über 4 500 Millionen Jahre alt, also sind wir noch nicht so lange hier.

Eine Million Jahre ist eintausend Mal eintausend Jahre oder 100 • 100 • 100 Jahre.

Lass uns erst mal herausfinden, wie das Leben vor einhundert Jahren aussah.

DU BIST DRAN

Recherchiere im Internet oder in deiner Bücherei (am Ort oder in der Schule) Folgendes: Was passierte vor etwa einhundert Jahren? Finde heraus, ob es Autos und Flugzeuge gab. Seit wann gibt es Autos und Flugzeuge? Gab es Telefone und wann benutzten die Menschen zum ersten Mal Telefone? Finde heraus, wie die Menschen sich fortbewegten und reisten, als es noch keine Autos, Flugzeuge, Telefone und auch keine Eisenbahn gab. Und: Woher bekamen sie ihr Wasser zum Trinken und Waschen?

Lass uns jetzt nicht hundert, sondern etwa zweitausend Jahre bis ins Jahr 79 v. u. Z. zurückgehen *(vor unserer Zeitrechnung* ist die Zeitspanne, die mit dem Jahr 1 des Gregorianischen Kalenders beginnt). Denn wir können uns tatsächlich anschauen, wie eine Stadt zu dieser Zeit aussah. 79 v. u. Z. brach ein Vulkan in Italien aus und begrub zwei Städte unter sich: Pompeji und Herculaneum. Dadurch wurden die Städte für die Nachwelt erhalten. In den letzten einhundert Jahren haben Archäologen die Steine und den Staub, unter denen die Städte begraben waren, weggeräumt. Im Internet kannst du dir ansehen, wie diese Städte aussahen. Findest du heraus, wie das Wasser zum Trinken und Waschen zu ihnen gelangte?

Archäologen sind wie Detektive. Doch statt wie Detektive Verbrechen zu untersuchen, decken sie anhand der vergrabenen Überreste alter Völker, deren Häuser, Wege und Grabstätten Informationen über die Vergangenheit auf.

Lass uns jetzt in eine Zeit zurückkehren, in der es noch keine Städte und noch nicht mal Dörfer gab. Wir gehen etwa zehntausend Jahre zurück. Die Menschen lebten in kleinen Gruppen zusammen und versorgten sich mit Nahrung, indem sie auf die Jagd gingen und Pflanzen und Körner sammelten.

Einer der fruchtbarsten Orte zu dieser Zeit wird heute der fruchtbare Halbmond genannt. Du kannst dir die halbmondförmige Sichel auf dieser aktuellen Landkarte anschauen.

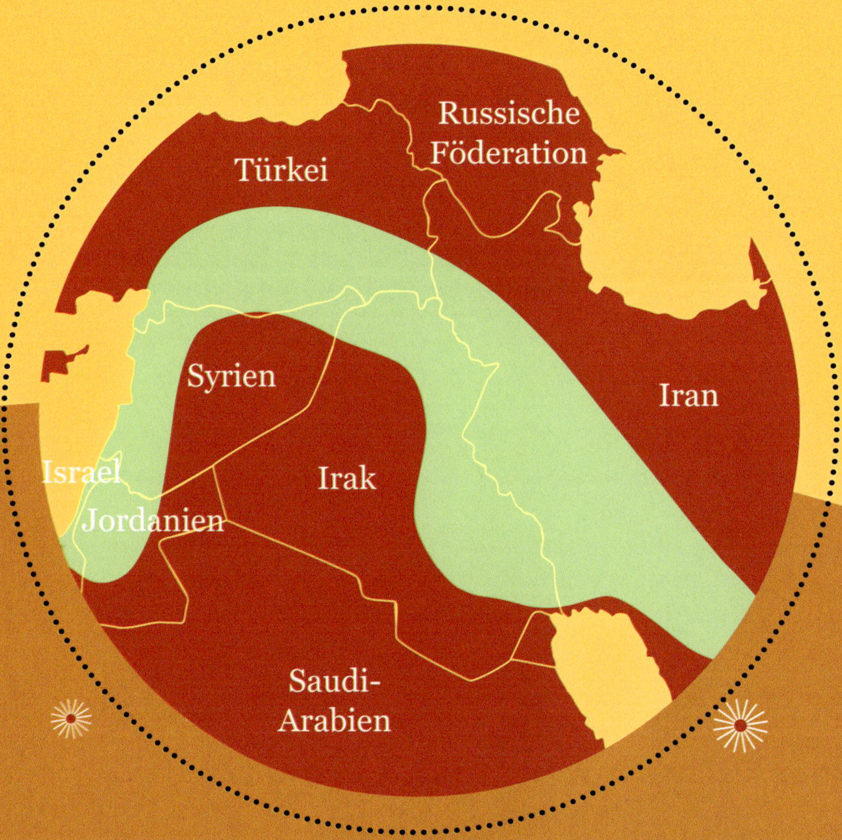

Türkei

Russische Föderation

Syrien

Iran

Israel

Jordanien

Irak

Saudi-Arabien

DER FRUCHTBARE HALBMOND

Die ersten Bauern lebten im fruchtbaren Halbmond. Dort haben die Menschen damit angefangen, Nahrung anzubauen, um sie zu ernten. Außerdem begannen sie, Herden zu halten, damit sie zur Nahrungsbeschaffung nicht mehr auf die Jagd gehen mussten, um Tiere zu fangen und zu töten. Sie entdeckten, dass sie Tiere nicht nur zum Essen verwenden konnten, sondern auch zum Pflügen und zum Tragen schwerer Lasten.

Schon bald brachten die Landwirtschaft und die Tierhaltung viel mehr Nahrung als vorher ein und die Menschen begannen, in größeren Gruppen zusammenzuleben und sich in Dörfern und Städten niederzulassen. Sie entdeckten zudem, dass sie Metall statt Stein für die Werkzeugherstellung nutzen konnten.

Einige wenige Menschen kamen auf diesem Wege zu Vermögen und wurden reich. Sie besaßen viele Gegenstände und Tiere. Sie mussten kontrollieren, ob ihnen nichts verloren ging, ihre Tiere nicht verschwanden oder gestohlen wurden. Je erfolgreicher sie wurden, desto wichtiger wurde es zu wissen, wie viel sie besaßen. Und die Stadtverwalter mussten überprüfen, ob sie genug Steuergelder erhielten, um öffentliche Einrichtungen instand zu halten.

Srinivasa Ramanujan
1887–1920

Von Mathematikern wird Srinivasa Ramanujan für einen der größten Mathematiker der Welt gehalten. Ramanujan stammte aus einer armen Familie in Indien. Manchmal lebte er von Almosen seiner Freunde und fand schließlich Arbeit als Angestellter in der Hafenverwaltung von Madras. Sein ganzes Leben lang faszinierte ihn die Mathematik. Er füllte unzählige Notizbücher mit seinen mathematischen Entdeckungen. Ständig suchte er nach Leuten, die ihn finanziell unterstützen konnten.

Endlich hatte er Glück, als er einen Brief, vollgepackt mit mathematischen Formeln, an G. H. Hardy – einen Mathematiker an der Universität von Cambridge in England – schickte. Hardy holte Ramanujan nach England, wo der indische Mathematiker fünf sehr arbeitsame und erfüllte Jahre verbrachte.

1918 wurde er zum *Fellow of the Royal Society* gewählt – eine ehrenvolle Auszeichnung. Ramanujan war der erste Inder, der diese Auszeichnung erhielt. Eigentlich merkwürdig, wo doch die Wurzeln der modernen Mathematik in Indien liegen. Leider wurde Ramanujan durch das englische Klima und die mangelhafte Ernährung während des Ersten Weltkrieges krank; 1919 kehrte er nach Indien zurück, wo er starb.

1997 tauchte er als eine Figur in der englischsprachigen Comicserie *Time Breakers* auf.

Eine sumerische Hütte

Diese Menschen erlebten große Veränderungen in ihrem Leben, auch wenn diese Veränderungen sich über Jahre hinzogen. Menschen, die ursprünglich in kleinen Gruppen zusammenlebten und für ihre Nahrungsbeschaffung vom Jagen und Sammeln abhingen, lebten nun in Städten und Dörfern.

Unsere Gesellschaft hat ähnliche Veränderungen durchlebt. Im 19. Jahrhundert konnten wir zum ersten Mal in der Geschichte durch den elektrischen Telegrafen über ein Kabel eine Nachricht an einen beliebigen Ort auf der Welt verschicken. Und dann konnten wir mit einer beliebigen Person auf der Welt durch das Telefon sprechen.

In letzter Zeit verändert sich unser Leben durch Computer und die Internetrevolution und ... kannst du dir vorstellen, wie es ohne Handy war? Diese Veränderungen wühlen die Menschen auf verschiedene Art und Weise auf – auf gute und schlechte. Die Veränderungen veranlassen die Menschen dazu, Neues auszuprobieren und anders über Dinge nachzudenken.

Die frühesten Aufzeichnungen von Zahlen und Rechenvorgängen stammen aus dem fruchtbaren Halbmond, vor etwa fünftausend Jahren. In einigen Städten des Fruchtbaren Halbmondes begannen die Menschen, Aufzeichnungen über Steuern und andere geschäftliche Angelegenheiten zu führen. Einige dieser Städte lagen in einem Land mit dem Namen Sumer. Den Sumerern reichte es nicht mehr, nur kleine Gruppen von Dingen zu zählen und alle größeren Gruppen „viele" zu nennen. Die Herrscher von Sumer waren Priester, die auf Steuern angewiesen waren, um den Lebensunterhalt für sich, ihre Beamten und ihre Diener zu bestreiten.

Die herrschenden Priester bewahrten all ihr Hab und Gut in großen Lagerhäusern auf und sie brauchten dauerhafte Belege über ihren Besitz, die von Angestellten und Beamten geschrieben und gelesen werden konnten. Die Priester benötigten detaillierte Aufstellungen, um ihren Geschäften nachkommen zu können, darüber informiert zu sein, was sich im Lager befand, und Löhne zahlen zu können.

Die Sumerer fertigten ihre Aufzeichnungen an, indem sie Markierungen in feuchte Tontafeln pressten. Sie verwendeten Ton, da es davon viel in der Gegend gab, Stein dagegen selten war. Mit einem Griffel drückten sie Zeichen in den nassen Ton. Es gab zwei verschiedene Arten von Griffeln. Einer hatte ein rundes Ende und wurde benutzt, um runde Abdrücke zu prägen. Der andere hatte ein spitzes Ende, um Linien zu ziehen. Der stumpfe Griffel wurde verwendet, um Zeichen für Zahlen anzubringen, während der spitze zum Schreiben benutzt wurde.

DEN SUMERERN
VERDANKEN WIR DIE 60

Das sumerische Zahlensystem baut auf zwei Zahlen auf: auf 10 und 60. Es war ziemlich kompliziert, aber die Sumerer benutzten es, um beim Rechnen Bruchzahlen zu vermeiden. 60 lässt sich durch mehr Zahlen ohne Rest teilen als zehn. Versuch es mal. Durch wie viele Zahlen kannst du 60 teilen und durch wie viele zehn?

Unsere aktuelle Zeitmessmethode beruht auf 60 – eine Minute hat 60 Sekunden und eine Stunde hat 60 Minuten.

Zeit lässt sich in einem Zahlensystem mit der Grundzahl 60 sehr gut ausdrücken. Zum Beispiel: 10 Stunden, 10 Minuten und 10 Sekunden sind $(10 \cdot 60 \cdot 60) + (10 \cdot 60) + 10 = 36\,610$ Sekunden.

Vielleicht haben die Sumerer 60 gewählt, weil die Zahl sich ohne Rest durch 1, 2, 3, 4, 5, 6, 10, 12, 15, 20, 30 und 60 teilen lässt. Die Wahrscheinlichkeit, beim Rechnen keine Brüche, sondern ganze Zahlen zu erhalten, ist einfach höher, als das beim Zehnersystem der Fall wäre. Die Zahl 10 lässt sich nur durch 1, 2, 5 und 10 ohne Rest teilen.

Ein anderer Grund für die Verwendung des 60er-Systems liegt in der Jahreseinteilung der Sumerer. Sie teilten ihr Jahr in 360 Tage $(10 \cdot 36)$.

Hier sind noch ein paar
Symbole, die die Sumerer
vor über fünftausend
Jahren verwendeten.

EINS **ZEHN**

SECHZIG **SECHS-HUNDERT**

DREI-TAUSEND-SECHS-HUNDERT **SECHS-UND-DREISSIG-TAUSEND**

Sie setzten einen Kreis (= 10)
ins Innere des Symbols für „sechzig",
das ergab „sechshundert".

Den gleichen Kreis setzten sie in das
Symbol für „dreitausendsechshundert",
das ergab „sechsundreißigtausend".

So waren die Symbole leichter
zu lesen und es wurden
nicht zu viele.

Als die Babylonier die Herrschaft über das sumerische Gebiet übernahmen, behielten sie das sumerische Zahlensystem bei und verbesserten es noch.

Vor über zweitausend Jahren wurde ein Symbol für null eingeführt. Vorher wurde eine Lücke gelassen, um einen Nullwert anzuzeigen.

Das Symbol für NULL waren zwei schräge Keile:

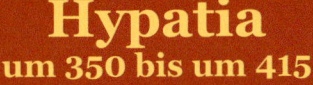

Hypatia
um 350 bis um 415

Hypatia lebte in Alexandria (Ägypten) und wurde bekannt für ihre mathematischen Arbeiten – vor allem in Geometrie. Durch ihren Lehrstil wurden Gedankengänge leichter verständlich und deswegen überlebte ihr Werk mehrere Jahrhunderte, wenn auch heute keines ihrer Bücher mehr existiert. Ihre Arbeit beeinflusste Mathematiker wie Descartes, Newton und Leibniz. Diese Gelehrten schufen die Grundlage der modernen Wissenschaften und der modernen Mathematik. Leider endete Hypatias Leben tragisch, als sie während religiöser Aufstände ermordet wurde.

Sie benutzten das Zehnersystem, damit sie nicht für jede Zahl von eins bis neunundfünfzig verschiedene Symbole einsetzen mussten. Um diese Zahlen aufzuschreiben, verwendeten sie je ein Symbol für eins und zehn. Die neunundfünfzig Zahlen wurden durch diese zwei Symbole dargestellt.

Das Symbol für 1 war

und für 10

Sie nutzten das Stellenwertsystem, sodass dreitausendsechshundertundelf so aussah:

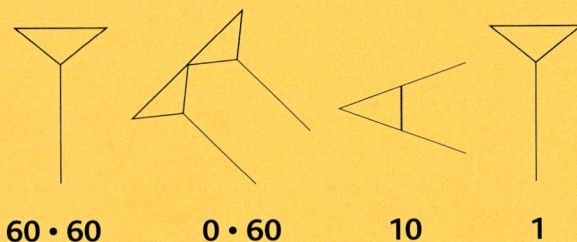

60 · 60	0 · 60	10	1

Auf genau dieselbe Art und Weise verwenden wir das Zehnersystem.

Pierre de Fermat
1601–1665

Pierre lebte in Frankreich und wird als einer der größten Mathematiker des 17. Jh. angesehen, obwohl Mathematik sein Hobby war und er seinen Lebensunterhalt als Jurist verdiente. Vielleicht hat er einige Mathematiker verärgert, da er mathematische Behauptungen aufstellte, aber keine Beweise für sie erbrachte.

Sein berühmtestes Werk hieß „Großer Fermatscher Satz" oder auch „Letzter Fermat'scher Satz". Er behauptete, den Satz bewiesen zu haben, hielt es aber nicht für nötig, den Beweis auch aufzuschreiben. Viele Generationen von Mathematikern bemühten sich, einen Beweis zu finden, bis Andrew Wiles ihn 1993 schließlich entdeckte.

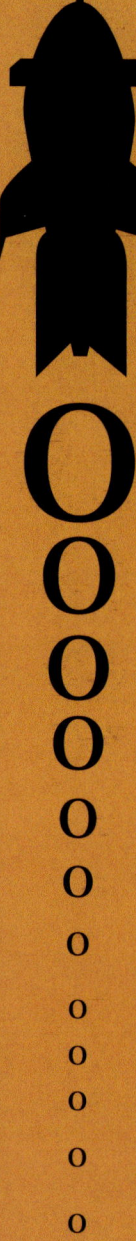

DIE GEBURT UNSERER NATÜRLICHEN ZAHLEN

Vor über tausendfünfhundert Jahren wurde in Indien ein Zahlensystem erfunden, das zehn Symbole mit Stellenwertsystem verwendete. Es war das Dezimalsystem. Auch die Null gehörte dazu.

Über die Jahre hat sich das Aussehen der Symbole verändert, aber im Wesentlichen waren es dieselben wie in unserem modernen System.

Die indische Null begann als eine Lücke, um die Abwesenheit einer Zahl anzuzeigen, aber sie entwickelte sich rasch zu einer Zahl wie die anderen neun. Zunächst war ihr Symbol ein Punkt, der aber dann durch die heute bekannte „0" ersetzt wurde.

Die indischen Mathematiker definierten sie folgendermaßen: Null ist das Ergebnis, das man erhält, wenn man eine Zahl von sich selbst abzieht. Außerdem kann man null zu jeder beliebigen Zahl dazuzählen, abziehen und mit ihr malnehmen.

Das moderne Dezimalsystem wurde also in Indien geboren.

DAS DEZIMALSYSTEM EROBERT DIE WELT

Während der darauffolgenden Jahrhunderte reiste das indische System um die Welt, weitergetragen von Händlern, Gelehrten und anderen. Seine Reise war nicht immer einfach. Einigen Menschen fiel es aus verschiedenen Gründen – guten und schlechten – schwer, es sich anzueignen.

Um das Jahr 900, also vierhundert Jahre nach seiner Erfindung, hielt das System in China und bald auch in den arabischen Ländern Einzug. Ein arabischer Mathematiker namens Al-Khwarizmi verbreitete das indische System, sein Name findet sich in dem Wort „Algorithmus" wieder (siehe unten).

Ibn Musa Al-Khwarizmi
790 bis um 850

Al-Khwarizmi lebte in Bagdad, das lag in dem Teil von Persien, den wir heute Irak nennen. Von ihm stammen die Begriffe Algebra und Algorithmus; tatsächlich stammt das Wort Algebra aus seinem bekanntesten Buch *Hisab al-jabr w'al-muqabala*. Ein Algorithmus ist eine Abfolge festgelegter Schritte, an deren Ende die Lösung eines Problems steht. Algorithmen können auch in ein Computerprogramm übersetzt werden.

Al-Khwarizmi schrieb auch über indische Zahlen und wir haben es vor allem ihm zu verdanken, dass das indische System seinen Weg nach Europa fand. Sein Werk über Algebra wurde ins Lateinische übersetzt und über Generationen in Europa angewandt.

Nein Ja Nein Ja Nein Ja Nein Ja

Nein Ja Nein Ja Nein Ja Nein Ja

LCDIMDVLDXV

XXIMDVLMDXI

LCDIMDVLDXV

XXIMDVLMDXI

LCDIMDVLDXV

XXIMDVLMDXI

LCDI
MDC

Um 1300 herum hatten die meisten europäischen Länder das Dezimalsystem übernommen. Einige Länder zögerten, das indische System einzuführen, weil sie befürchteten, dass Verbrecher die Zahlen leichter fälschen konnten, indem sie zum Beispiel „0" in „6" abänderten oder in „9".

Diese Bedenken waren vor allem deshalb berechtigt, da vor der Einführung der Druckerpresse alle finanziellen Aufzeichnungen handgeschrieben waren. Es war oft schwierig, handgeschriebene Texte zu lesen, und daher auch ziemlich leicht, Zahlen zu fälschen.

Doch trotz dieser Bedenken breitete sich das Dezimalsystem in Europa aus. Vor allem durch die Bemühungen von Kaufmännern und Händlern, denen es leichter fiel, dieses System anstelle des römischen zu benutzen. Das römische System war vom Römischen Reich überliefert worden, das große Teile Europas lange unter Kontrolle hatte.

Bald hatte das Dezimalsystem in allen Bereichen des Lebens – Wissenschaft, Handel, Bildung, Kriegsführung und Regierungsgeschäfte mit eingeschlossen – auf der ganzen Welt Fuß gefasst und war nicht mehr wegzudenken.

LCDIMDVLDXV
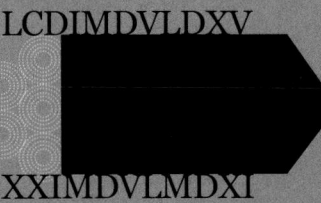
XXIMDVLMDXI

LCDIMDVLDXV

XXIMDVLMDXI

LCDIMDVLD

XXIMDVLMI

WAS DAS DEZIMAL-SYSTEM BESSER KANN

Das aus Indien stammende Dezimalsystem war sehr viel leistungsfähiger als die Systeme, die es ersetzte. Eines der Systeme, das es ersetzte, war z. B. das römische System, das über tausend Jahre lang in Europa verwendet wurde. Das indische System erleichterte den Händlern das Addieren, Multiplizieren, Subtrahieren und Dividieren.

Das römische System hatte sieben Symbole:

Römisches Symbol	Zahl
I	Eins
V	Fünf
X	Zehn
L	Fünfzig
C	Hundert
D	Fünfhundert
M	Tausend

Die Römer kannten keine Null, aber sie hatten eine Regel, wie die Symbole zu lesen waren. Dabei handelte es sich nicht um ein Stellenwertsystem, wie wir es kennen. Die Symbole wurden von links nach rechts geschrieben, wobei die größten Werte ganz links standen. „Sechsundsiebzig" wurde zum Beispiel so geschrieben: LXXVI.

Diese Regel wurde nicht in allen Fällen befolgt. Die Römer hatten eine andere Regel, bei der eine Zahl links von einer größeren bedeutete, dass die kleinere Zahl von der größeren abgezogen werden sollte. Also:

IV	statt	IIII
IX	statt	VIIII
XL	statt	XXXX
MCM	statt	MDCCCC

Es handelte sich um eine Art Abkürzung.

Die Anwendung des römischen Systems war schwierig. An diesem Beispiel siehst du, wie du versuchen würdest, etwas zu addieren. Schau es dir an.

Sehen wir uns erst mal an, wie es heute gemacht wird (wenn du keinen Taschenrechner benutzt). Du beginnst rechts und wendest das Stellenwertsystem an. Du addierst also (6 + 0 + 0 + 7) und erhältst „3" und „1" (= 10) als Übertrag.

			266
			650
			1080
			+ 1807

			6	
			0	
			0	
		Übertrag 1 (= 10)	7	**EINER**
			3	

Dann addierst du (1 + 6 + 5 + 8 + 0), was „0" ergibt und „2" (= 200) zum Übertrag.

			6	
			5	
			8	
			0	
		Übertrag 2 (= 200)	1 Übertrag	**ZEHNER**
			0	

(2 + 2+ 6+ 0 + 8) ergibt „8" und „1" (= 1000) zum Übertrag.

		2	
		6	
		0	
		8	
Übertrag 1 (= 1000)		2 Übertrag	**HUNDERTER**
		8	

(1 + 1 + 1) ergibt „3".

	1	
	1	
	1 Übertrag	**TAUSENDER**
	3	

Das Ergebnis lautet 3803.

Jetzt lass uns das römische System ausprobieren.

Vielleicht haben die Römer folgende Methode angewandt.
Die Addition wird in Schritten durchgeführt.

	M	D	C	L	X	V	I
266			CC	L	X	V	I
+ 650		D	C	L			
+ 1080	M			L	XXX		
+ 1807	M	D	CCC			V	II
Schritt 1	MM	DD	CCCCCC	LLL	XXXX	VV	III
Schritt 2	MM	M (= DD) wird übertragen	C / D (= CCCCC) wird übertragen	L / C (=LL) wird übertragen	XXXX	X (oder VV) wird übertragen	III
Schritt 3	MMM	D	CC	L	XXXXX (= L) wird übertragen		III
Schritt 4	MMM	D	CC	LL (= C) wird übertragen			III
Letzter Schritt – das Ergebnis (uff!)	MMM	D	CCC				III

Das Ergebnis lautet MMMDCCCIII … und das war nur eine Addition!

	Zahl	römisches Symbol
	266	CCLXVI
+	650	DCL
+	1080	MLXXX
+	1807	MDCCCV11
Ergebnis	3803	MMMDCCCIII

Welches System würdest du bevorzugen – das Dezimalsystem
oder das römische? Kein Wunder, dass die Römer lieber mit
dem Abakus, der ersten Rechenmaschine der Welt, arbeiteten.

RÖMISCHE ZAHLENSYMBOLE NUTZEN WIR IMMER NOCH ... MANCHMAL

Im Gegensatz zu der „60", die wir von den Sumerern und Mesopotamiern geerbt haben und die wir zur Zeiteinteilung benutzen, bedienen wir uns der römischen Zahlen nur noch zu dekorativen Zwecken wie z. B. auf Ziffernblättern von Uhren.

Manchmal greifen Menschen auch auf römische Zahlensymbole zurück, wenn sie etwas besonders hervorheben wollen. Z. B. das Datum auf einem Grabstein oder die Zahl im Namen eines Königs oder einer Königin wie Heinrich IV.

IST DIR SCHON AUFGEFALLEN, DASS ...

... das Symbol für vier auf römischen Ziffernblättern von Uhren nicht „IV", sondern „IIII" ist? Zum einen, weil die „IIII" eine ähnliche Form wie die gegenüberliegende Zahl „VIII" hat und das Ziffernblatt so hübscher anzusehen ist. Auf sehr alten Uhren findet man aber noch die „IV" und manche glauben, dass König Heinrich IV. von England (1553–1610) die „IV" nur für sich alleine wollte und sie deshalb auf den Uhren in „IIII" ändern ließ.

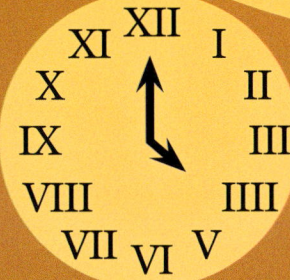

IIII ?

UND DAS GAB
DEN AUSSCHLAG

Es hat eine Weile gedauert, bis das Zehnersystem überall akzeptiert wurde. Als die Menschen aber feststellten, dass das Zehnersystem auch mit Brüchen zurechtkam, gab das den Ausschlag. Zu Beginn war das einer der Gründe gewesen, warum es nicht von allen akzeptiert worden war.

Dividierst du eine natürliche Zahl durch eine andere natürliche Zahl, erhältst du einen Bruch, z. B. $\frac{3}{4}$. Mit diesen Zahlen kann man nicht zählen, da sie nicht wie die natürlichen Zahlen Teil einer Folge sind. Man kann sie auch nicht so leicht addieren oder subtrahieren.

Auch die Sumerer kannten so etwas wie Brüche. Ihre Art, sie aufzuschreiben, hatte große Ähnlichkeit mit der Art, wie wir Stunden und Minuten aufschreiben: 27, 35 meint z. B. siebenundzwanzig Minuten und fünfunddreißig Sekunden.

Auch die Inder schrieben Brüche sehr ähnlich auf wie wir, mit einem Strich zwischen der oberen Zahl (dem Zähler) und der unteren (dem Nenner):

$$\frac{15}{56}$$

Die Menschen hielten an der „Sechzig" der Sumerer fest, um Brüche so weit wie möglich zu vermeiden.

Vielleicht haben die Sumerer 60 als Grundzahl für ihr Zahlensystem gewählt, weil sie sich durch 1, 2, 3, 4, 5, 6, 10, 12, 15, 20, 30 und 60 ohne Rest teilen lässt. Dadurch wird die Wahrscheinlichkeit, dass Rechnungen aufgehen, sehr viel höher als bei der Verwendung eines Zehnersystems. 10 kann man nur durch 1, 2, 5 und 10 ohne Rest teilen.

Außerdem zögerten die Menschen, das Zehnersystem zu verwenden, weil sie Angst hatten, dass Betrüger damit ein leichteres Spiel hätten. Hinzu kam, dass die Menschen gerne bei alten Gewohnheiten blieben und Änderungen nicht sehr schätzten.

Mit der Französischen Revolution wurde 1792 das Zehnersystem vollständig akzeptiert, wenn auch gezwungenermaßen. Eines der Gesetze, das während der Revolution erlassen wurde, sah ein komplettes Zehnersystem für Maßeinheiten und Zahlen vor. Die Maßeinheiten waren z. B. Meter und Kilogramm.

DEZI... WAS?
DEZIMALKOMMA!

Mit dem Dezimalsystem können wir Brüche durch Zehnerpotenzen darstellen. Wir haben gesehen, dass natürliche Zahlen durch Zehnerpotenzen abgebildet werden können.

Wir verwenden ein Komma, das Dezimalkomma genannt wird, um einen Dezimalbruch anzuzeigen.

Wenn du eine natürliche Zahl durch eine andere teilst, erhältst du einen Bruch, z. B. $\frac{3}{4}$ oder $\frac{8}{5}$.

Im Dezimalsystem wird $\frac{8}{5}$ als 1,6 geschrieben und $\frac{3}{4}$ als Dezimalbruch sieht so aus: 0,75

zum Beispiel: 3 : 4 = 0,75

Statt einer natürlichen Zahl wird eine „0" links vor das Dezimalkomma gesetzt, damit jedem klar ist, dass es sich um einen Bruch handelt.

1/2 8/5 1/4 3/4

8/5 1/4 1/2 3/4

1/2 8/5 1/4 3/4

1/4 1/2

3/4

8/5

WIE ERHALTEN WIR DEZIMALBRÜCHE?

Wir haben gesehen, wie Zahlen in Zehnerpotenzen dargestellt werden können. Von einer Potenz zur nächstkleineren gelangen wir, indem wir durch zehn teilen.

Wenn wir immer weiter nach unten gehen, kommen wir bei eins an, und wenn wir dann weiterteilen, erhalten wir Brüche wie Zehntel, Hundertstel, Tausendstel und so weiter.

Im Dezimalsystem wird ein Zehntel so geschrieben: 0,1; ein Hundertstel ist 0,01; ein Tausendstel 0,001 und so weiter.

10^3	10^2	10^1	10^0
1000	100	10	1

10^{-1}	10^{-2}	10^{-3}	10^{-4}
0,1	0,01	0,001	0,0001

(Beachte, dass 10^0 eine andere Schreibweise für „1" ist.)

Das Minuszeichen vor der Potenzzahl gibt an, dass wir durch zehn teilen und nicht mit zehn malnehmen. Wir können Dezimalbrüche als Abkürzungen verwenden, um sehr lange Zahlen abzubilden.

2 500 000 000 000 000 kann auch $2,5 \cdot 10^{15}$ geschrieben werden.

Wenn auf eine 1 hundert Nullen folgen, nennt man die Zahl Googol. 5 Googol könnte man also auch als 5 mit hundert Nullen oder besser als $5 \cdot 10^{100}$ schreiben.

Verwendet man Potenzen und Dezimalzahlen um Zahlen darzustellen, wird z. B. Addieren und Multiplizieren einfacher.

Wenn Zehnerpotenzen miteinander multipliziert werden, addierst du die Potenzen.

Zum Beispiel: $100 \cdot 100 = 10\,000$

Man kann diese Multiplikation auch anders schreiben: $10^2 \cdot 10^2 = 10^4$

Also ist $2,5 \cdot 10^{15}$ multipliziert mit $5,0 \cdot 10^{100}$ gleich $12,5 \cdot 10^{115}$ oder $1,25 \cdot 10^{116}$.

Das ist sehr viel einfach als 2 500 000 000 000 000 malzunehmen mit 50 000 000 000 000 000 000 000 000 000 000 000 000 000 000 000 000 000 000 000 000 000 000 000 000 000 000 000 000 000 000 000 000 000.
Stell dir nur einmal vor, wie das mit römischen Zahlen aussähe: MMMMMMMMMM!

Mary Edwards
1750–1815

Mary Edwards war ein menschlicher Computer. Sie verdiente ihren Lebensunterhalt, indem sie Berechnungen für astronomische Tafeln anstellte. Für Schifffahrer war die Genauigkeit dieser Tafeln eine Sache auf Leben und Tod, denn zu dieser Zeit gab es noch kein Radio, keine Satelliten oder Rettungshubschrauber.

Als ihr Mann noch lebte, arbeitete sie an den Tafeln, obwohl es eigentlich sein Job gewesen wäre. Da der britische königliche Hofastronom Neil Maskelyne ihre Fähigkeiten sehr schätzte, durfte sie ihre Arbeit auch nach dem Tod ihres Mannes fortsetzen, um den Lebensunterhalt für sich und ihre zwei Töchter zu verdienen.

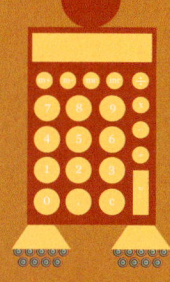

DIE ERSTE RECHENMASCHINE

Der Abakus war die erste Rechenmaschine. Durch ihn wurde das Rechnen leichter und ging schneller als mit zehn Fingern.

Heute führen Computer Billionen von Rechnungen pro Sekunde durch. Die ersten Computer in den 40er-Jahren des 20. Jahrhunderts waren langsamer – sie stellten vielleicht 500 Berechnungen pro Sekunde an.

Aber im Vergleich zu den handbetriebenen Rechenmaschinen und Rechenschiebern, die zu dieser Zeit verwendet wurden, waren sie „Zaubermaschinen".

Als der Abakus vor etwa fünftausend Jahren erfunden wurde, war er schneller als jede andere Rechenmethode. Die meiste Zeit seines fünftausend Jahre alten Lebens galt er als die schnellste Rechenmaschine der Welt. Er wurde an vielen Orten auf der ganzen Welt eingesetzt.

Der Abakus ist seit seiner Erfindung vor über fünftausend Jahren in Babylon im Wesentlichen unverändert geblieben. Nur sehr wenige Erfindungen haben so lange überdauert.

Der Abakus wird immer noch in vielen Teilen der Welt gebraucht. Und im Gegensatz zu elektronischen Rechnern und Computern produziert er kein Treibhausgas …

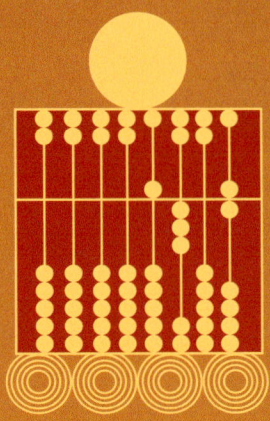

Der Abakus entwickelte sich aus Kieselsteinen, die im Sand aneinandergereiht wurden, und Linien, die auf staubigen Tafeln gezogen wurden.

Wahrscheinlich bestand der erste Abakus aus einer Tafel mit Rillen, in denen man Plättchen oder Kugeln hin- und herschieben konnte. Die Plättchen und ihre Lage in den Rillen verkörperten Zahlen.

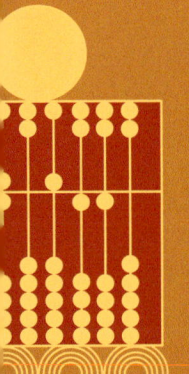

Die moderne Form des Abakus wurde wahrscheinlich von den Chinesen vor über zweitausendfünfhundert Jahren entwickelt. Auf Stäben, die in einem Rahmen befestigt waren, konnte man Perlen hin- und herschieben.

INFO

1946 schlug ein Japaner mit einem Abakus einen Amerikaner, der einen elektronischen Rechner zum Rechnen benutzte.

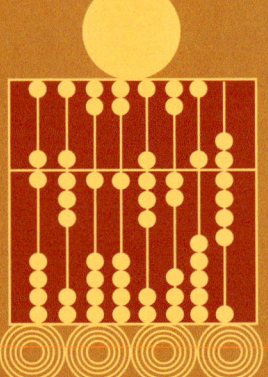
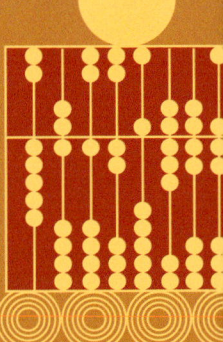

SO BENUTZT MAN EINEN ABAKUS

Ein Abakus wird zum Addieren, Mulitplizieren, Subtrahieren und Dividieren eingesetzt. Er kann auch für andere Rechnungen wie zum Quadrieren oder zum Quadratwurzelziehen verwendet werden.

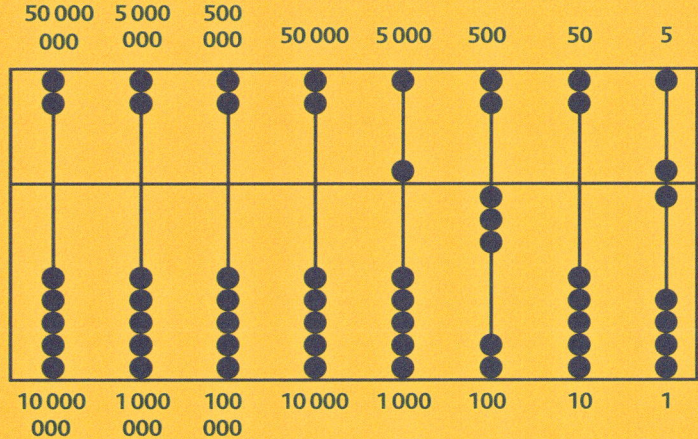

Die Zahl, die auf diesem Abakus zu sehen ist, lautet 5 000 + 300 + 0 + (5 +1) oder 5 306.

Man liest den Abakus von rechts nach links und betrachtet nur die Perlen, die an den Mittelbalken geschoben wurden. Unterhalb des Mittelbalkens verkörpern alle Perlen auf dem ersten senkrechten Stab einen Wert von eins. Die nächsten fünf Perlen unterhalb des Balkens haben jeweils einen Wert von zehn. Die Perlen auf dem dritten Stab unterhalb des Mittelbalkens haben jeweils einen Wert von hundert und so weiter.

Oberhalb des Balkens haben die Perlen auf dem rechten senkrechten Stab einen Wert von fünf. Die nächsten beiden Perlen sind jeweils fünfzig wert, die nächsten beiden fünfhundert und so weiter.

Um eine Zahl darzustellen, müssen die Perlen an den Mittelbalken geschoben werden. Wenn keine Perle am Mittelbalken liegt, ist der Wert gleich null. Wenn man also von links nach rechts liest und nur auf die Perlen am Mittelbalken achtet, liest sich das so:

$(1 \cdot 5\,000) + (3 \cdot 100) + (0 \cdot 10) + [(1 \cdot 5) + (1 \cdot 1)]$ oder 5 306.

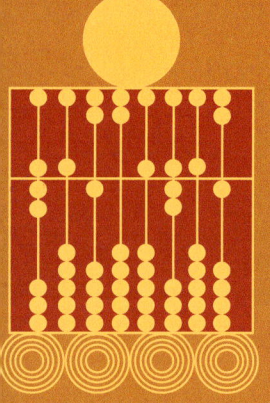

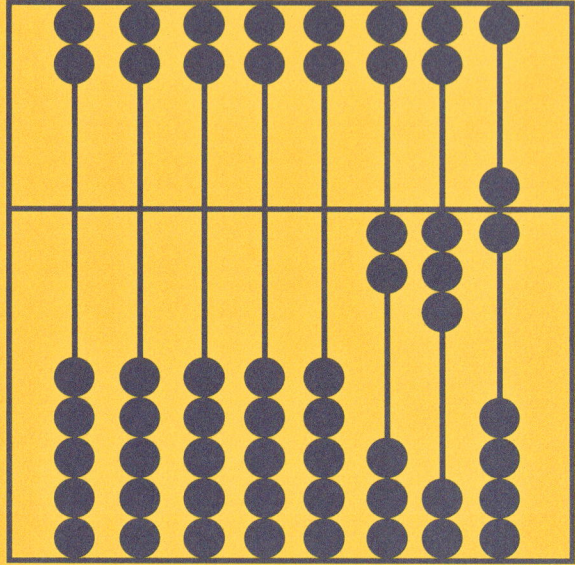

ADDIEREN MIT DEM ABAKUS

Addiere 272 zu 236. Der abgebildete Abakus zeigt 236. Wenn auf dem Abakus 272 stehen würde, befänden sich rechts zwei Perlen mit dem jeweiligen Wert „eins". Auf dem nächsten senkrechten Stab stünden eine „50"er-Perle und zwei „10"er-Perlen und dann auf dem dritten senkrechten Stab zwei „100"er-Perlen.

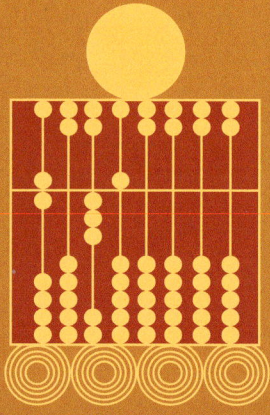

Die Addition wird in mehreren Schritten durchgeführt. Die zwei „1"er-Perlen, die die „2" am rechten Ende von „272" verkörpern, können an den Mittelbalken geschoben werden. Um sie kenntlich zu machen, sind sie grün eingefärbt.

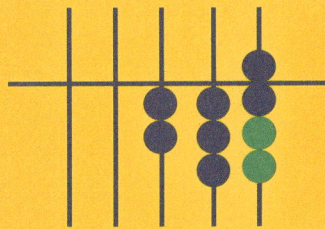

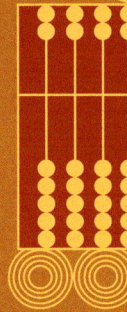

Als Nächstes müssen wir Perlen hinzufügen, die die „7" in „272" darstellen. Durch die Stellung der „7" wissen wir, dass sie „70" meint. Also fügen wir eine „100"er-Perle hinzu und nehmen drei der bereits vorhandenen „10"er-Perlen weg.

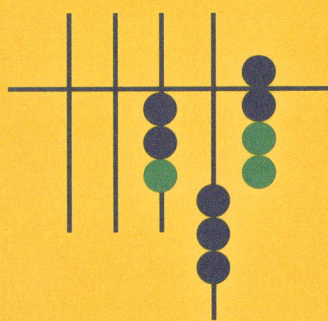

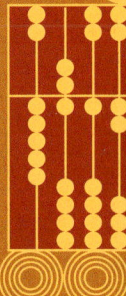

Genauso verfahren wir mit der Addition der „200".
Wir schieben eine „500"er-Perle an den Mittelbalken
und entfernen dafür drei „100"er-Perlen.

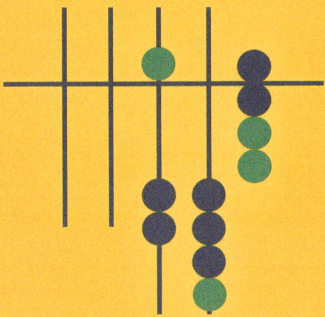

Das Ergebnis lautet 500 + 0 + (5 + 3) oder 508.

ZAHLEN VERÄNDERN DIE WELT

Zehn Zahlen waren in diesem Buch die Hauptpersonen.

Sie sind Teil einer universellen Sprache und haben die natürliche Welt verändert.

Sie wurden von Menschen in dem Bemühen erfunden, die Welt zu verstehen und sie sich gefügig zu machen – zum Guten oder Schlechten.

Natürliche Zahlen sind ein wichtiger Teil der Mathematik, welche die Sprache der Wissenschaft und Technik ist. Die Erfindung der natürlichen Zahlen hat uns große Vorteile gebracht. Doch es gibt auch Nachteile, wenn man bedenkt, dass durch die Nutzung dieser Zahlen z. B. auch der Klimawandel gefördert wurde.

Macht es daher noch Sinn, sie als natürliche Zahlen zu bezeichnen?

Vielleicht lassen sich eines Tages Technologien ent-wickeln, durch deren Umgang mit Zahlen wir uns tatsächlich auf natürliche Art und Weise mit der Welt auseinandersetzen können?

ETWAS ZUM NACHDENKEN,
WENN DU MAL
EINE FREIE MINUTE HAST

127

DIE KLEINSTE UND DIE GRÖSSTE

WAS IST DIE KLEINSTE ZAHL, GRÖSSER ALS NULL?

Wir können uns die kleinste Zahl als das Ergebnis einer ständigen Division irgendeiner Zahl durch irgendeine andere vorstellen, zum Beispiel könnte man, sooft man will, acht durch zwei teilen.

Teile acht durch zwei. Du erhältst vier.

Teile noch mal durch zwei. Du erhältst zwei.

Teile zwei durch zwei. Du erhältst eins.

Teile eins durch zwei. Du erhältst einen Bruch von $\frac{1}{2}$ oder 0,5.

Teile weiter durch zwei. Das Ergebnis wird kleiner und kleiner. Wenn du das unendlich fortsetzen könntest, würden wir bei der kleinstmöglichen positiven Zahl ankommen.

Wenn Mathematiker darüber reden, so nah wie möglich an etwas heranzukommen, es aber nicht ganz erreichen, nennen sie das „sich dem Grenzwert nähern". In diesem Fall ist null der Grenzwert.

Gibt es auch einen Grenzwert für die höchste Zahl?

Stell dir die natürlichen Zahlen vor, beginnend mit null, gefolgt von eins, zwei, dann drei – eine ganze Reihe von Zahlen. Vielleicht hast du erwartet, dass sie endet, wenn wir bei der höchsten Zahl ankommen ... Aber jedes Mal, wenn du eins addierst, erhältst du eine höhere Zahl, und das kannst du immer wieder tun.

Tatsächlich ist die Zahlenreihe endlos.

Mathematiker bezeichnen das, was wir erreichen würden, wenn es uns möglich wäre, bis ans Ende der natürlichen Zahlenreihe zu gelangen, als Unendlichkeit. Die Unendlichkeit könnte man als den Grenzwert beschreiben.

Das Symbol für die Unendlichkeit sieht wie eine „8" aus, die auf der Seite liegt – ∞.

WITZ

Was sagt die 8 zur ∞?

Steh auf!

DIE UNENDLICHKEIT BRAUCHT IHR EIGENES SYMBOL

Alle Zahlen, die wir kennengelernt haben, inklusive der Null, können mithilfe von einem oder von mehreren der Symbole 0, 1, 2, 3, 4, 5, 6, 7, 8 und 9 aufgeschrieben werden.

Die Unendlichkeit kann nicht durch eines dieser zehn Symbole dargestellt werden, da sie keine Zahl wie 100 oder 1000 oder gar 0 ist. Sie braucht ihr eigenes Symbol.

Die Vorstellung von der Unendlichkeit beschäftigt die Menschen seit Jahrhunderten.

Die Unendlichkeit ist merkwürdig.

Stell dir alle geraden Zahlen vor, beginnend mit 2, gefolgt von 4, dann 6, 8, 10 und so fort. So geht es weiter bis ins Unendliche. Genauso verhält es sich auch mit der Reihe der ungeraden Zahlen 1, 3, 5, 7 … unendlich.

Und wenn du alle geraden Zahlen zu den ungeraden addierst, ist das Ergebnis immer noch unendlich.

Sei mein Gast – komm ins Hotel Unendlichkeit

Die folgende Geschichte veranschaulicht, wie merkwürdig die Vorstellung von Unendlichkeit ist.

In einer sehr großen Stadt stehen sich zwei Hotels gegenüber. Jedes Hotel hat eine unendliche Anzahl an Zimmern und beide Hotels sind voll.

Eines der Hotels brennt ab. (Machen wir uns mal keine Gedanken darum, wie lange es dauert, bis ein Hotel mit einer unendlichen Anzahl von Räumen abgebrannt ist.)

Der Manager des übrig gebliebenen Hotels bietet allen Gästen aus dem abgebrannten Hotel ein Zimmer an.

Man könnte meinen, es sei unmöglich, alle Gäste aus dem abgebrannten Hotel in dem übrig gebliebenen Hotel unterzubringen. Allerdings nicht, wenn es eine unendliche Anzahl von Zimmern gibt!

Der Manager bittet seine eigenen Gäste darum, in ein Zimmer um zuziehen, dessen Zimmernummer doppelt so hoch ist wie die des Zimmers, in dem sie gestern Nacht geschlafen haben. Der Gast aus Zimmer Nummer eins geht in Zimmer Nummer zwei, der Gast aus Zimmer Nummer zwei zieht in Zimmer Nummer vier.

Schließlich belegen seine Gäste alle Zimmer mit geraden Zahlen und lassen alle Zimmer mit ungeraden frei. Die Gäste aus dem abgebrannten Hotel ziehen in die Zimmer mit den ungeraden Zahlen.

Da es eine unendliche Anzahl von Zimmern gibt, ist das problemlos machbar ... und egal, welche Zahl du zu unendlich dazuzählst, du erhältst unendlich.

WARUM HEISSEN ZAHLEN „UNGERADE" UND „GERADE"?

Lass uns Zahlen doch mal statt durch die zehn Symbole durch kleine runde Kieselsteine darstellen.

Die Kieselsteine sind gleich schwer und gleich groß.

O steht für ein, O O für zwei, O O O für drei und so weiter.

Wenn du die Steine in zwei Reihen untereinander anordnest, erhältst du bei einer „ungeraden" Zahl eine unregelmäßige Form, hier z. B. für die „Sieben":

O O O O

O O O

Eine „gerade" Zahl ergibt eine regelmäßige Form, hier z. B. für die „Acht":

O O O O

O O O O

Bei einer geraden Zahl – sagen wir vier – kannst du zwei Kieselsteine in eine Waagschale einer Waage legen und zwei in die andere. Die Schalen sind im Gleichgewicht.

Bei einer ungeraden Anzahl von Kieselsteinen befinden sich die Schalen im Ungleichgewicht.

BESONDERE ZAHLEN

BRÜCHE

Ein Bruch ist eine Zahl, die man erhält, wenn man eine ganze Zahl durch eine andere ganze Zahl teilt. Diese Zahlen kann man nicht zum Zählen verwenden, da sie nicht Teil einer Folge wie die natürlichen Zahlen sind. Sie werden auch rationale Zahlen genannt, weil sie ein Zahlenverhältnis angeben.

IRRATIONALE ZAHLEN

Diese Zahlen erhält man nicht, indem man eine ganze Zahl durch eine andere ganze Zahl teilt. Die berühmteste irrationale Zahl wird durch den griechischen Buchstaben π dargestellt und wird Pi ausgesprochen. π erhält man, wenn man den Umfang eines Kreises durch seinen Durchmesser teilt. Der Kreisumfang ist die Entfernung einmal um den Kreis herum (rote Linie). Der Durchmesser ist die Länge der schwarzen Linie.

π ist 3,1415… Es geht unendlich weiter und die Reihenfolge der Zahlen wiederholt sich nie.

GANZE ZAHLEN

So nennt man die Zahlen … −3, −2, −1, 0, 1, 2, 3 … Du siehst, die ganzen Zahlen enthalten zusätzlich zu den natürlichen Zahlen auch noch negative Zahlen. Negative Zahlen sind kleiner als 0. Man braucht sie, um zum Beispiel Temperaturen unter 0° auszudrücken.

Primzahlen: 2, 3, 5, 7, 11, 13, 17 …
Diese Zahlen sind durch keine andere Zahl als sich selbst und eins teilbar.

Vollkommene Zahlen: 6, 28 …

Diese Zahlen sind genauso groß wie die Summe der Zahlen, durch die sie teilbar sind. 6 kann durch 1, 2 und 3 geteilt werden und 6 = 1 + 2 + 3. 28 kann durch 1, 2, 4, 7 und 14 geteilt werden und 28 = 1 + 2+ 4 + 7 + 14.

GROSSE ZAHLEN

Große Zahlen haben besondere Namen. In dieser Liste findest du
viele Beispiele. Kannst du die Lücken ausfüllen?

NAME IN WORTEN	SYMBOLE	SO KOMMT DIE ZAHL ZUSTANDE
Hundert	100	10 · 10
Tausend	1 000	10 · 10 · 10
Million	1 000 000	10 · 10 · 10 · 10 · 10 · 10
Billion	1 000 000 000 000	Multipliziere 12-mal 10 mal 10 = 10 · 10 · 10 · 10 · 10 · 10 · 10 · 10 · 10 · 10 · 10 · 10
Billiarde	1 000 000 000 000 000	Multipliziere 15-mal 10 mal 10 = 10 · 10 · 10 · 10 · 10 · 10 · 10 · 10 · 10 · 10 · 10 · 10 · 10 · 10 · 10
Trillion		Multipliziere 18-mal 10 mal 10
Trilliarde		Multipliziere 21-mal 10 mal 10
Quadrillion		Multipliziere 24-mal 10 mal 10
Quadrilliarde		Multipliziere 27-mal 10 mal 10
Quintillion		Multipliziere 30-mal 10 mal 10
Quintilliarde		Multipliziere 33-mal 10 mal 10
Sextillion		Multipliziere 36-mal 10 mal 10
Sextilliarde		Multipliziere 39-mal 10 mal 10
Septillion		Multipliziere 42-mal 10 mal 10
Septilliarde		Multipliziere 45-mal 10 mal 10
Oktillion		Multipliziere 48-mal 10 mal 10
Oktilliarde		Multipliziere 51-mal 10 mal 10
Nonillion		Multipliziere 54-mal 10 mal 10
Nonilliarde		Multipliziere 57-mal 10 mal 10
Dezillion		Multipliziere 60-mal 10 mal 10
Dezilliarde		Multipliziere 63-mal 10 mal 10
Googol		Multipliziere 100-mal 10 mal 10
Googolplex		Multipliziere Googol-mal 10 mal 10

INFO

Wenn wir große Zahlen schreiben, die durch lange Zeichenketten dargestellt werden, setzen wir nach jedem dritten Symbol einen Punkt oder lassen eine Leerstelle, damit sie leichter lesbar sind. Zum Beispiel schreibt man
Hundert Millionen besser 100 000 000 als 1000000000.

Die folgenden Fragen kannst du mithilfe der Liste der sehr großen Zahlen beantworten:

1. Was ist größer: eine Billiarde oder 1 000 Trillionen – oder sind sie gleich groß?

2. Wenn du eine Nonillion Euro hättest und jeden Tag eine Million ausgeben würdest, wie lange würde es ungefähr dauern, bis du nur noch eine Oktilliarde Euro übrig hättest? Wie viele Jahre würde es ungefähr dauern, eine weitere Billiarde auszugeben? Glaubst du, dass irgendjemand auf der Welt so viel Geld besitzt? Wie viel Geld besitzt der reichste Mann oder die reichste Frau der Welt? Suche im Internet nach der Antwort.

3. Welche Zahl ist nach Addition die größte von diesen drei Zahlen:
   1 Million plus 1 Quintilliarde,
   1 Billion plus 1 Quadrilliarde,
   1 Trilliarde plus 1 Quadrillion?

PASS AUF DEINE NUMMERN AUF

Nummern sind sehr nützlich.

Wir benutzten persönliche Identifikationsnummern – PINs –, um sicherzugehen, dass Kreditkarten von niemand anderem benutzt werden können. PINs müssen geschützt werden; man sollte sie nie an jemand anderen weitergeben oder aufschreiben und gemeinsam mit der Karte aufheben. Doch selbst dann gibt es Wege, wie andere deine Nummer herausfinden können.

Blick über die Schulter

Wenn du einen Geldautomaten benutzt, besteht das Risiko, dass dir dabei jemand über die Schulter zusieht, um an deine PIN-Nummer oder an die Daten deiner Kreditkarte heranzukommen. Besonders an überfüllten Orten solltest du vorsichtig sein, da du dort leicht abgelenkt werden könntest.

Skimming

Beim Skimming wird heimlich ein Gerät am Geldautomaten angebracht, das die Daten deiner Kreditkarte speichert, ohne dass du es merkst. Du verlässt den Geldautomaten mit deiner Kreditkarte, aber der Dieb hat alle Daten, um eine genaue Kopie deiner Karte anzufertigen und sie zu benutzen.

Phishing – das Angeln nach Geheimzahlen

Wenn jemand dich per E-Mail nach persönlichen Informationen fragt, nennt man das Phishing. Vielleicht erhältst du eine E-Mail, die dich nach persönlichen Informationen wie den Daten deiner Kreditkarte fragt. Du solltest niemals auf solche E-Mails antworten – lösch sie einfach. Eine Bank oder ein Kreditkarteninstitut würde nie per E-Mail nach diesen Daten fragen.

Identitätsdiebstahl

Es handelt sich um Identitätsdiebstahl, wenn jemand deine Kreditkarte stiehlt und vorgibt, du zu sein.

GLOSSAR

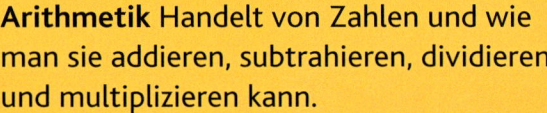

Arithmetik Handelt von Zahlen und wie man sie addieren, subtrahieren, dividieren und multiplizieren kann.

Binär Ein Zahlensystem, das nur zwei Symbole verwendet um alle Zahlen abzubilden, nennt man ein Binär- oder Zweiersystem.

Dezimal ist ein anderes Wort für zehn. Die zehn Symbole 1, 2, 3, 4, 5, 6, 7, 8, 9, 0 werden auch Ziffern genannt. Sie werden verwendet, um Einheiten im Dezimal- oder Zehnersystem darzustellen.

Dezimalkomma ist ein Komma, durch das ein Dezimalbruch kenntlich gemacht wird.

Mathematik ist die Lehre von Zahlen, Formen und wie sie sich zueinander verhalten. Zu ihr gehören Arithmetik, Geometrie und Algebra.

Natürliche Zahlen bilden eine Reihe, die mit null beginnt und fortgeführt wird, indem man eins zu null addiert und dann eins zu eins und dann eins zu jeder folgenden Zahl. So kann man ewig weitermachen. Sie heißen natürliche Zahlen, weil sie dem, was wir in der Natur sehen, zu entsprechen scheinen.

Null kennzeichnet in einer Zeichenkette im Dezimalsystem eine Position ohne Wert. Eine Null am rechten Ende einer Zeichenkette multipliziert die dargestellte Zahl mit zehn.

Nummer Wenn du einen Gegenstand oder sonstiges Phänomen nummerierst, machst du seine Stellung in einer Reihe von Gegenständen kenntlich, wie z. B. das 4. Tor in einem Fußballspiel oder dein 11. Geburtstag.

Potenz Eine Zahl zu potenzieren, heißt, sie so oft, wie die Potenz angibt, mit sich selbst malzunehmen. Zum Beispiel ist 10^2 eine Abkürzung für $10 \cdot 10$. Die hochgestellte Zahl ist die Potenz.

Stellenwertsystem Das Stellenwertsystem gibt den Wert eines Symbols an, wobei dieser Wert von der Stellung des Symbols in einer Zeichenkette abhängt.

Symbol Symbole werden verwendet, um Zahlen darzustellen. Abhängig vom Zahlensystem kann eine Zahl durch ein beliebiges Symbol wiedergegeben werden.

Unendlich ist der Begriff, mit dem Mathematiker ausdrücken, wie weit sie in der Reihe der natürlichen Zahlen gehen können.

Zahl Eine Zahl beschreibt ein Ding oder Dinge, die zu einer Gruppe gehören, wie zum Beispiel Menschen, Tiere oder sogar Vorstellungen/Ideen.

Zählen Wenn du eine Gruppe von Gegenständen zählst, findest du heraus, wie viele Gegenstände in der Gruppe vorhanden sind.

Zahlensystem Ein Zahlensystem ist eine Symbolreihe, die Zahlen und ihre Verwendung darstellt. Das heute am meisten verwendete Zahlensystem besteht aus zehn Symbolen: 0, 1, 2, 3, 4, 5, 6, 7, 8, 9.

Ziffer ist ein anderes Wort für Symbol oder Zeichen.

Zuordnen Beim Zuordnen wird ein Ding-Paar, zum Beispiel Schüler, die auf ihren Sitz im Bus zurückkehren, abgehakt bzw. für vollständig erklärt.

BÜCHER, WEBSEITEN UND MUSEEN

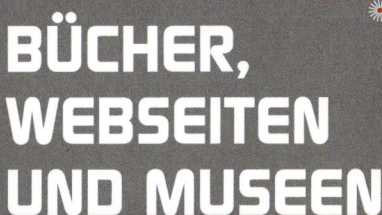

Webseiten *(aufgerufen im Januar 2011)*

Ein Mathelexikon für Kinder und viele andere hilfreiche mathematische Erklärungen und Aufgaben findest du unter *www.mathepower.com*

Auf dem Bildungsserver Hessen *www.dms.bildung.hessen.de* findest du im Lernarchiv *www.lernarchiv.bildung.hessen.de/grundschule/* viele Links zu Matheseiten und unter der Rubrik „Mauswiesel" kannst du selbst aktiv werden: *www.mauswiesel.bildung.hessen.de/mathematik/index.html*

Lustige Zahlenrätsel findest du auf *www.kidsgrips.de* unter der Rubrik „Multiversum".

Museum

Das erste mathematische Mitmachmuseum der Welt

Im Mathematikum in Gießen dreht sich alles um Zahlen und deren Anwendung: Mathematikum, Liebigstraße 8, D-35390 Gießen, *www.mm-gi.de/htdocs/mathematikum/index.php*

Bücher

Der Zahlenteufel: Ein Kopfkissen-buch für alle, die Angst vor der Mathematik haben
von Hans Magnus Enzensberger, dtv 1999

Allgemeinwissen für Schüler. Mathe – Physik – Chemie
von Kjartan Poskitt, Nick Arnold, Trevor Dunton und Tony de Saulles, Arena 2005

WAS IST WAS, Band 12, Mathematik
von Wolfgang Blum, Tessloff Verlag 2010

INDEX

Der Abdruck des Gedichts von Gerda Anger-Schmidt (S. 45) erfolgt mit freundlicher Genehmigung der Autorin.

Danksagung

Der Autor möchte den folgenden Personen für ihre unschätzbare Hilfe und Unterstützung danken:

Owen Jones

Con Pakavakis

Charlotte Smith

Andy Tout-Smith

Deborah Tout-Smith

und Rosie, Anna, Dan und Lucy Demant
für ihre unzählbaren Ratschläge.

Der Autor möchte Guy Rundle für die Erlaubnis danken, die wahre Geschichte der Neinich-Törtchen zu erzählen und zu drucken.

Der Autor fand die folgenden Bücher beim Schreiben des vorliegenden Werkes besonders hilfreich:

Mathematik für alle von Lancelot Hogben, Glb Parkland 2001

The book of nothing von John D. Barrow, Vintage 2001

Universalgeschichte der Zahlen von George Ifrah, Glb Parkland 1998

Das Wunder der Sprache von Franklin Folsom, Tessloff 1968

Dieses Buch ist Gretel, Xanqui, Echo, Biro und Mika gewidmet.

Glenn Murphy

Warum ist Schnodder grün?
... und andere extrem wichtige Fragen
aus Forschung und Technik

Wer sich nicht zu fragen traut, bekommt auch keine Antwort! Aber häufig gibt es auf eine Frage mehrere Antworten und aus der Antwort ergibt sich die nächste Frage. Dieses Prinzip hat Glenn Murphy vom Science Museum in London aufgegriffen und beantwortet spannende und verblüffende Fragen aus dem Alltag, aber auch über das Weltall, den Planeten Erde, die Tierwelt, den menschlichen Körper und Technologien der Zukunft.

256 Seiten. Klappenbroschur.
ISBN 978-3-401-06557-1
www.arena-verlag.de

Gerd Schneider

Von einem, der auszog, die Welt zu verstehen

und bis zum Abendessen wieder zurück sein wollte

Nichts ist so spannend wie die Entstehung der Welt und des Lebens! Dieses Buch ist eine Zeitreise zu den Anfängen unseres Universums, eine Expedition durch die Evolution unseres Planeten. Meisterhaft verknüpft Wissenschaftsjournalist Gerd Schneider profundes Wissen aus Geologie, Physik, Chemie und Biologie mit originellen Erzählsträngen und liefert einen mitreißenden Querschnitt durch die moderne Naturwissenschaft.

Arena

272 Seiten. Gebunden.
ISBN 978-3-401-06413-0
www.arena-verlag.de

Jürgen Teichmann

Jürgen Teichmann · Katja Wehner

Die überaus fantastische Reise zum Urknall

Astronomie von Galilei bis zur Entdeckung der Schwarzen Löcher

1609, vor 400 Jahren, richtete Galileo Galilei sein Fernrohr auf den Himmel – der Beginn einer unglaublich aufregenden Entdeckungsreise in die Weiten des Weltraumes! Jürgen Teichmann erzählt von den spektakulärsten Entdeckungen der Weltallforscher, von Pulsaren, Quasaren, gefräßigen Schwarzen Löchern, Galaxien, Roten Riesen, dem Echo des Urknalls und warum die Farbe eines Sternes vielleicht seine Geschwindigkeit verraten kann. Astronomie – spannender als jeder Krimi!

Arena

152 Seiten. Gebunden.
ISBN 978-3-401-06392-8
www.arena-verlag.de

Arena Bibliothek des Wissens

ISBN 978-3-401-05743-9

ISBN 978-3-401-06214-3

ISBN 978-3-401-06395-9

Arena

Jeder Band:
112 Seiten. Klappenbroschur.
www.arena-verlag.de